U0925905

高职高专旅游类专业精品教材

总主编　王昆欣

# 饭店工程技术与管理实务

吴业山　编著

清华大学出版社
北　京

## 内容简介

本书结合我国饭店工程技术与管理的实际，从饭店经营管理基本要素——硬件入手，紧扣实际应用，并注重技能方面的培养，简要地介绍了饭店工程技术系统与管理实务。全书共有八章，内容分为三大板块：第一板块是全书的基础和核心内容，用六个章节对饭店的建筑功能布局、给排水设施、电气系统、空调系统、洗衣设施和康乐设施加以介绍。这一板块还介绍了当今饭店工程方面新技术的应用及新技术理念。第二板块为饭店工程管理实务，结合饭店工程管理的实际，介绍了设备设施保养方法，即全员保养、预防为主、防重于治，落实"使用者必保养，保养者必及时"。第三板块为饭店工程运行管理实务范例。书中的图例、案例均来源于饭店实际应用，书中数据也可以直接运用于实际工作中，如饭店空调温度设定、客房热水温度标准等。

本书适合饭店管理、旅游管理类高职高专学校作为教材使用，也可作为旅游饭店从业人员培训用书。



**图书在版编目(CIP)数据**

饭店工程技术与管理实务/吴业山编著. —北京：清华大学出版社，2007.7（2016.8 重印）
高职高专旅游类专业精品教材
ISBN 978-7-302-15170-8

Ⅰ. 饭… Ⅱ. 吴… Ⅲ. 饭店—建筑工程—高等学校：技术学校—教材
Ⅳ. TU247.4

中国版本图书馆 CIP 数据核字(2007)第 067685 号

**责任编辑**：刘士平
**责任校对**：李 梅
**责任印制**：何 芊

**出版发行**：清华大学出版社
**网 址**：http://www.tup.com.cn，http://www.wqbook.com
**地 址**：北京清华大学学研大厦 A 座 **邮 编**：100084
**社总机**：010-62770175 **邮 购**：010-62786544
**投稿与读者服务**：010-62776969，c-service@tup.tsinghua.edu.cn
**质 量 反 馈**：010-62772015，zhiliang@tup.tsinghua.edu.cn
**印 装 者**：北京国马印刷厂
**经 销**：全国新华书店
**开 本**：170mm×240mm **印 张**：15 **字 数**：286 千字
**版 次**：2007 年 7 月第 1 版 **印 次**：2016 年 8 月第5 次印刷
**印 数**：6101～7100
**定 价**：22.00 元

产品编号：024773-01

# 高职高专旅游类专业精品教材
# 编审委员会

# 为培养高素质旅游人才而准备

## (代总序)

我国旅游业是随着中国的改革开放发展、成长的。改革开放前我国旅游业以外事接待为主,只具备产业雏形;1978 年以后转换机制,逐步发展产业型旅游业。1986 年国务院决定将旅游业纳入全国国民经济与社会发展计划,正式确立其国民经济地位;进入 21 世纪以来,中国旅游业得到迅速发展。在入境旅游方面,中国的入境过夜旅游者从 1978 年的 71.6 万人次增加到 2005 年的 4 681 万人次,增长了 65 倍;旅游外汇收入也从 1978 年的 2.63 亿美元猛增到 2005 年的 293 亿美元,增长了 111 倍。2004 年中国跃居世界第四旅游大国。在出境旅游方面,随着我国经济的持续快速发展和国际地位的不断提高,以及中国公民出国旅游目的地的不断增多,出境旅游发展迅猛。到 2005 年末,经国务院批准的中国公民出国旅游目的地国家和地区总数达到了 117 个,遍布全球五大洲。2005 年,中国出境总人数达到 3 103 万人次,成为全球出境旅游市场上增幅最快、潜力最大、影响力最为广泛的国家。在国内旅游方面,带薪假期和"黄金周"制度的实行,推动了中国国内旅游的迅猛增长,中国发展成为世界上规模最大的国内旅游市场。2005 年,中国国内旅游人数达到 12.12 亿人次。

我国旅游业虽起步较晚,但发展迅速。随着旅游业的发展,旅游在国民经济中的作用和地位日显重要。世界各国高度重视中国巨大的旅游市场,都希望加强与中国的交流与合作。目前,中国旅游业形成入境旅游、出境旅游、国内旅游三大市场格局,成为举世瞩目的旅游大国。

我国的旅游教育是随着旅游业的发展而产生、发展和成长的。我国的旅游教育始于 20 世纪 70 年代末,经过近 30 年的发展,旅游教育已经形成了较完整的旅游高等教育、中等教育体系。据国家旅游局统计,(2005 年底)全国旅游院校有(含开设旅游专业的院校)1 336 所,在校生达 566 493 人,专业教师25 239 人。

旅游教育的迅速发展，带热了旅游教材的出版。近几年旅游教材建设整体呈现繁荣之势。从旅游教材的种类来看，已由20世纪90年代初的旅游管理专业一个系列几十个品种，发展到现今旅游管理、酒店管理、旅行社管理、景区管理、会展管理及旅游外语等若干个系列上百个品种。但是，目前已出版的旅游教材，存在着“三多三少”的现象，即在编写内容与方式上，剪辑性成果多、研究性成果少；理论内容多、操作性内容少；传统内容多，创新内容少（张斌，2005）。

培养高素质人才的关键之一是要有科学的、适合的、高质量的教材，许多出版社为此做了许多工作，出版了一批教材，其中不乏好书。但由于旅游学科建设尚不成熟、高水平的作者偏少、旅游教育总体规模相对偏小等原因，教材建设仍不成熟，高水平教材和参考书匮乏，严重制约着旅游教育质量的提高。

清华大学出版社在对旅游专业，特别是高职高专旅游类专业调研的基础上，有针对性地设计和推出了“高职高专旅游类专业精品教材”。这套教材主要在5个方面进行了探索。

**第一，以精品课程建设为依托，建设精品教材**。2003年教育部在高等学校实施了国家精品课程建设，到2006年共有5门课程被列为高职高专旅游类专业国家级精品课程。本套教材的组稿思路来自精品课程建设，通过精品课程建设出版一批高质量的教材。诸如《旅游资源评价与开发》、《导游实务》、《旅游企业公共关系》等均为国家级精品课程，《中国旅游地理》等为省级精品课程。

**第二，以旅游管理类专业教学指导委员会为依托，选择优秀作者**。清华大学出版社依托教育部高职高专旅游类专业教学指导委员会，邀请了教指委的部分专家参与教材建设，同时在较广的范围内选择了精通职业教育、旅游教育的教师，作者队伍水平较高。

**第三，以专业目录为依据，确定教材选题**。按照教育部《普通高等学校高职高专教育指导性专业目录（试行）》，旅游专业大类包括旅游管理、酒店管理、导游、旅行社经营管理、景区开发与管理、餐饮管理与服务等主要专业。这套教材根据专业目录中的职业岗位群需要设计和确定选题品种，基本涵盖了旅游大类专业的主干课程。

**第四，以高职高专人才培养目标为依据，体现教材的针对性**。这套教材紧紧围绕高职高专人才培养目标，坚持创新、改革的精神，尽可能体现新的课程体系、新的教学内容和教学方法，以提高学生整体素质为基础，以能力为本，兼顾知识教育、技能教育和素质教育。例如，针对高职高专学生的特点，编写了《旅游专业毕业论文写作指导》、《旅游类专业基本技能训练指导》等实践性较强的教材。

**第五，以先进、简明、适用、通俗为原则，体现教材特色**。所谓“先进”，就是强调学科的新理论、新知识，技能的新技术、新方法，实践中的新经验、新案例，使教材内容尽可能先进科学；所谓“简明”，就是教材提供的内容“必需、够用”即可，简洁，明了,不必过于强调理论性、系统性、完整性;所谓"适用",就是着眼旅游业发展实际,适合高职高专学生的特点,适合高职高专教师的教学特征,同时体现教学内容的实际应用,具有可行性、便于操作;所谓"通俗",就是指教材的编写深入浅出,通俗易懂。

由于旅游教育是培养第一线的服务型、技能型、管理型的应用人才,因此大部分教材都安排了实践教学内容,以利于学生毕业后能较快适应工作环境,熟练顶岗工作。

旅游学科是一个新兴的学科,涉及的知识范畴十分广泛,可以说旅游学科至今还未成为一门独立的成熟学科,而旅游教育的历史又较短,加之我们的知识水平和实践能力的局限性,因此在教材编写中存在不少问题和困惑,本套教材难免存在不足之处,谨请谅解。这套教材的组织、编写过程也是我们全体作者学习提高的过程。

一套好的教材,就是一名好的导师,教材是实现教育目标的主要载体之一,高质量的教材是培养合格人才的基本保证。旅游业的进一步国际化、全球化、市场化、人性化,对旅游职业教育提出了更新、更高的要求。我们希望能推出一套既有先进的教育教学理念,又能切合教育教学实际,还能开启教师教学智慧,激发学生学习欲望的好教材。但愿如愿。

高职高专旅游类专业精品教材编审委员会

2007 年 4 月

# 前 言

FOREWORD

在改革开放初期，中国旅游饭店业是最早与国际接轨的行业。从20世纪80年代初稚嫩起步，到逐步发展，再到今天的日益成熟，经历的时间虽然不长，但其发展的规模与速度令国际饭店业同行刮目相看。伴随着中国经济的快速发展，借助奥运会即将在北京召开的良好契机，中国旅游饭店业正生机勃勃地向前迈进。国际饭店业管理集团也纷至沓来，加入中国饭店的投资与管理行列，特别带来了饭店管理方面的先进理念，对提高中国饭店管理水平颇有裨益。

虽然中国饭店的数量大幅度增加，硬件档次也大幅度提高了，但硬件管理的水准与国际同行相比，还有较大的差距，主要原因就是缺乏管理人才，特别缺少既懂得一定饭店工程技术方面的基础理论，又具有较强动手能力的技能操作型人才。饭店工程技术是一门新兴的学科门类，既具有独立性，又兼顾多种工程技术，如机械基础、给排水、强弱电、装修、材料、信息技术等，饭店工程就是对上述技术的综合运用。饭店工程管理是对硬件进行科学的管理，从而为客人提供优质的服务，对于实现经营管理目标起到保障作用。饭店工程管理专业性很强，而现在国内外高等院校开设这个专业的很少，其主要原因是缺乏这方面的专业教材和师资。饭店行业属于服务性行业，对从业人员的技能要求高于对理论知识的要求，这个层面的人才，对国内院校来说属于高职高专、中专和技校培养的目标，要求毕业生有较强的动手能力，即“学以致用，用必有效”。饭店工程管理的教材应充分体现实际操作能力和工程设备设施运行管理能力。正是基于这一宗旨，顺应我国饭店业对工程管理人才的迫切需求，为提高从业人员饭店工程管理水平，作者在总结饭店工程技术应用和管理经验的基础上，结合教学实际需要编著成本书。

本书的主要架构有三大板块：第一板块是全书的基础和核心内容，用六个章节对饭店的建筑功能布局、给排水设施、电气系统、空调系统、洗衣设施和康乐设施加以介绍，这些属于饭店的硬件组成部分，是饭店运行所必需的，书中大量的图例、案例、技能技巧均来自于饭店实际应用，学员掌握了这些技能，走上工作岗位后可以直接进入角色，独当一面参与对客服务与管理。这一板块还介绍了当今饭店工程方面的新技术的应用及新技术理念，并具有一定的前瞻性。第二板块介绍了饭店工程管理方面的内容，从“后台”（饭店工程）为“前台”服务的角度出发，科学地进行饭店工程管理，全员保养、预防为主、防重于治，落实“使用者必保养，保养者必及时”的原则。这一部分还介绍了饭店节能增效措施，这是饭店控制成本、增加经营效益的有效措施。第三板块是一家五星级饭店的工程管理实例，属于实际操作技能部分，是本书创新之所在，学员掌握了这部分内容，将对提升职业素养与技能打下坚实的基础。

本书在体例设计方面亦有一定的特色，如在每章（除最后一章外，下同）前设有“学习目标”、“知识要点”和“技能要求”；在每章正文前设有“引例”，使学员产生学习兴趣。在每章后设有“本章小结”和“思考与练习”并附有参考答案。

希望本教材的出版，能对中国饭店工程技术和管理水平的提高起到一定的推动作用。由于编写时间仓促，不足之处恳请读者批评指正。

作　者

2007 年 4 月

# 目　录

CONTENTS

# 第1章 饭店功能布局

### 学习目标 ≫

本章内容是本课程学习的重点，它是饭店工程管理的基础，通过学习掌握这部分内容后，可以为以后专业系统的学习打下坚实的基础。本章要学习和掌握的主要内容有：饭店位置选择；建筑基本型式与室外环境；人流、物流、车流；土建工程要求和饭店功能布局。

### 知识要点 ≫

了解饭店位置选择的重要性；知道饭店建筑的基本型式；了解前后台的组成和作用；知道建筑的土建要求；掌握主要区域的功能布局和作用，如大堂、餐厅、厨房、客房、会议室、多功能厅、洗手间。

### 技能要求 ≫

功能布局是饭店经营与管理的基础，学员对知识掌握只停留在认知层面是不够的，应在技能方面有较好的掌握，这样走上工作岗位后才能进入角色。本章要求学员能够在A4以上幅面图纸上画出餐厅和厨房、多功能厅和客房功能布局图。

引例

## 客房功能布局好坏直接关系到客人满意度

图 1-1 为一家四星级饭店标准间客房的局部照片，可见有一张床紧靠着卫生间墙壁。这种功能布局存在着两个缺点：一是没有以人为本，即不方便客人活动，会引起客人投诉；二是不方便服务员做清洁卫生工作。以下案例就发生在这家饭店。

王先生是局长秘书，有一天和他的上司李局长去北方的城市出差，由于该城市最近有一个招商会议，所以这个城市的饭店客房比较紧张，加之他们二人的航班又晚点，当晚 10 点钟入住这家酒店时，只有一个标准间了。王先生当然让李局长睡在靠窗口的那张床上，自己睡在图 1-1 所示的这张床上。王先生在家与太太一起就寝时，在床上的位置是固定的，自己睡在床的右边，太太睡在左边。王先生夜间起来去洗手间从床的右侧下来已成为习惯，可是这天住在这家饭店，王先生夜里上洗手间时，一起床，他的头就重重地撞在墙上，顿时头的右侧起了个大鹅瘤，好几分钟才缓过神来，李局长也吓了一跳。他们第二天向饭店大堂经理投诉了这件事，饭店向他们赔礼道歉，免了他们的房费，还送了鲜花和水果，得到客人的谅解。

引例简析：从这个引例可以看出，由于这家饭店的客房没有合理的功能布局，因此给客人带来不便，引起客人投诉，从而给饭店的经营带来影响。本引例中功能布局存在的主要问题是这张床不应该与卫生间墙靠得这么近，应留有一定的距离，一般大于 350mm。饭店功能布局极其重要，不考虑客人需求，不了解经营管理需求的功能布局往往是失败的。

**图 1-1　床靠墙放置**

## 1.1 饭店位置选择

饭店位置选择合理会给日后成功经营打下良好的基础，正如西方人所说："location，location and location！"饭店位置的重要性就在于此。多数饭店属城市饭店，其位置最好位于城市商业中心、繁华地带，这样方便客人出行、进行商务活动、旅游、消费等；度假、观光饭店则位于风景名胜区。

## 1.2 建筑基本型式与室外环境

城市饭店多为高(多)层建筑，其建筑结构型式由裙楼和主楼组成。裙楼部分有时包括地下室(一般一至三层)和地上部分。按功能布局，地下室用于机房、后台设施，如员工更衣室、餐厅、厨房、洗衣场、库房等；裙楼一层以上主要用于对客服务功能，如大堂、总台、中餐(宴会)厅、中餐包厢、西餐厅、康乐、会议、多功能厅、客用洗手间等配套设施，多功能厅一般位于裙楼的顶层。建筑主楼用于普通客房、商务楼层、豪华(总统)套房等。酒店正门向阳为第一选择，依次为向东、西、北。对客房来说，向阳的客房数量越多越好，这方面成功的个案如南京金陵饭店，该饭店将主楼矩形平面旋转 45°，使每个客房都能见到阳光。

建在风景名胜区附近的饭店属旅游度假饭店，建筑结构多为别墅或多层分散建筑。

饭店室外环境影响着饭店的品位与档次。饭店建筑应与其他建筑有一定距离，以便营造室外环境。室外环境规划必须顺应客人对自然、绿色的向往。室外环境美化要结合亮化工程统一规划。饭店正门前广场上不设任何超过门厅高度的建筑或雕塑，应慎重考虑在门前做喷水池。实践经验告诉我们，喷水池很少有连续工作超过 5 年时间的，而且还存在安全隐患，增加运营成本，最后多数喷水池都成了"鸡肋"。如果设旗杆，应立在饭店正门的侧面，让酒店的门厅充分展示出来，任何喧宾夺主之作都应摒弃。

饭店周围的院墙用通透隔断，而且要限制高度，沿隔断周围种植一些绿色植物，使饭店位于绿岛之中，为客人营造心旷神怡的环境。

饭店建筑应注意光污染问题。城市建筑光污染是一大弊端，饭店应担负起社会责任，外墙少用或不用玻璃类等高光幕墙材料，而且玻璃幕墙本身也存在安全隐患。

## 1.3 人流、物流、车流管理

饭店应处理好人流、物流和车流通道。人流主要指客人与员工流动，客人在前台消费，员工在服务通道提供服务，两者尽量分开，少交叉，这是对客服务与运转的需要。客人与员工进出酒店分设专门通道，客人走正门，员工走员工通道，后者最好与酒店正门不在同一侧，位于180°方向为宜。物流主要指经营物资进店与废物、垃圾出店应设专用通道，且便于汽车卸货与装车，还要在垃圾出口处设一个带冷冻装置的垃圾箱，容积一般在10～15$m^3$。

车流管理主要指处理好汽车进、出酒店的通道，汽车—入店—门厅—停车场—离店循环畅通，并与人行道少交叉。注意门厅前的车道不宜离大门太近，留有2m左右的宽度为宜，以便在大门入口处铺防尘垫。客人在防尘垫上走两至三步，可将鞋底灰尘、污垢中的60%～70%"吸入"防尘垫内，大大减少了灰尘、污垢颗粒对大堂地面、楼层地毯的污染，并减少PA清洁工作量与清洁剂用量。门前通道还应考虑残疾人通道，其坡度尽量减小，以方便残疾人进出。

## 1.4 土建工程要求

土建工程方面应注意大堂、中/西餐厅、宴会厅、会议厅、舞厅、多功能厅、客房内开间、进深、高度、柱网设置。各空间之间天花板之上要真正隔断，如客房之间、客房与洗手间，洗手间与客房走廊之间做到真正隔断，而不是天花板下看起来隔断，而天花板之上"四通八达"，使饭店内空气环境受到污染。

大堂内柱网越少越好，尽量缩小柱子尺寸，且用圆柱子为好。中国建筑结构安全系数过大，这也是造成多数饭店大堂内"顶天立柱"的普遍现象，在柱网尺寸一定的情况下，装修时应缩小柱网的体量，如果是矩形柱网还可以将方角去掉，减少装修后视觉体量。大堂高度一般在6m左右，如采用中厅大堂则要考虑空调效果及运行成本。大堂面积并非越大越好，应与饭店档次/星级基本一致。大堂面积较大，根据功能布局对相应的空间做一些隔断，保证空调效果。应控制大堂外墙玻璃使用面积，除非使用中空玻璃，否则会增加空调负荷。

中/西餐厅、宴会厅内应控制柱网的数量，控制天花板高度，扩大视觉空间效果。会议厅、舞厅、多功能厅内应无柱网。饭店建筑结构应与其他建筑有所区别，酒店对层高有要求，因此有些区域可采用扁梁结构，如客房走廊等。

客房内土建要注意客房开间与进深尺寸要求。应做好各空间之间的隔断，确保隔音效果与客人住店环境空气质量。目前中国饭店客房噪音主要有以下方面：

第一是客房之间相互干扰；第二是外界干扰；第三是自我干扰。上述噪音已经影响到饭店客房产品质量。

客房之间相互干扰的主要部位有：①客房床头柜附近墙上用于安装接线盒处。②房间内衣橱处。如果房间开间小于 4 000mm，衣橱位于门后，使得衣橱进深（宽度）小于 500mm（目前国内多数饭店在 400～450mm 之间），有些酒店在两个客房之间的衣橱处仅用木工板或三合板相隔。由于衣架长度大于衣橱进深，使衣架斜着放，客人放、取衣服时衣架碰撞衣橱壁产生噪音对隔壁客人产生干扰。[①] ③上下卫生间楼板之间。楼板没有完全隔断会造成传音，因此卫生间在天花板以上四周应完全隔断，否则影响客房区的空气质量（参见客房空调内容）。

外界干扰主要有：①窗户，靠马路一侧更严重；②客房走廊。

自我干扰主要有：①风机盘管噪音超标；②供水管路产生尖叫、振动噪音；③饮水器夜间加热时发出噪音。

在土建方面把好关是控制客房之间噪音的有效方法。因此增加客房开间尺寸，从满足客人需求出发，客房开间尺寸应大于 4 000mm，客房之间隔断应采用二四墙隔断。客房卫生间发展趋势是面积增大（6～8$m^2$）、明卫生间、干湿分离、浴缸与淋浴分设（如果只能设一种，则只设淋浴）、开门见不到恭桶（目前多数卫生间开门见恭桶）。应减少两个客房之间的管道井面积，以扩大卫生间面积（参见客房布局内容）。

## 1.5 饭店功能布局

### 1.5.1 功能布局概述

功能布局对任何档次的饭店经营管理与效益都很重要。可以这样说，一个成功饭店的基础来自于合理的功能布局。饭店装修符合协调、舒适、典雅的原则。不同档次的饭店应有所区别，避免多店一调现象。强调装修效果的个性；强调重设计、装饰理念，轻材料堆砌、装修手段，记住“黄金堆不出白金五星”。一流的设计才能取得一流的效果。

饭店改造、装修应注意以下几点：第一，从市场需求出发，一切为了方便客人，分析市场需求；第二，主观与客观条件一致，认真分析自身条件，不要照搬别人的装修模式与风格，或盲目升级升档，上星不是饭店经营的宗旨；第三，坚持个性，同档次饭店服务项目、功能大致相同，但装修风格不应相同，要显露出自身的亮点——有

---

① 关于这个噪音问题笔者于若干年前以被同行称之为“专利改造方案”的方法解决了。每个客房改造成本不足 2 元钱，被国内上千家饭店采用后使用效果很好。方法很简单，即将原横放的挂衣杆分成两根，尺寸由衣橱进深而定，挂衣杆由横放改为竖放，增加两个衣杆座，实施起来简单易行。

时“土”(地方特色)能展示独特的个性,体现出地方的、民族的特色,才具有魅力,吸引客人;第四,功能与布局统一,材料与档次统一,格调与色调统一,一切服务于客人、经营、管理与效益。

## 1.5.2 大堂功能布局

图 1-2 为大堂客梯厅。大堂是饭店的门面。大堂不只是富丽堂皇,更重要的是功能布局合理,强调自然导向、方便客人、便于管理。大堂正门前雨篷宽度尺寸足够大,以方便车道、行人使用。大堂入口一般设正门与侧门,正门有旋转(自动)门,侧门为推拉门。注意大堂正门入口不要让汽车直接停靠在大门口(旋转门),应留有至少 2m 宽度,用来铺设防尘垫。这方面做得比较好的是北京中国大饭店,如图 1-3 所示。

**图 1-2 大堂客梯厅**

大堂内主要设施有:总台、总台办公区、贵重物品寄存、行李房、大堂副理、客梯厅、上二三层的步行梯通道、大堂吧、商务中心、小商场、客用洗手间等。大堂内休息区的概念在淡化,如果设置,区域不宜大。大堂面积不宜追求大,要求有氛围,形成自然导向,方便客人。客人进入大堂后,知道功能的方位,能直接到达目的地。

大堂空间视觉效果讲究通透性,其内柱网越少越好,装修时应将柱子体量淡化,大堂吧与大堂采用通透隔断。因大堂空间大、视线广,所以要设有视觉中心,即大堂的核心——镇店之宝,一般设立体摆放物或壁雕等,镇店之宝不在于投资大小,关键是个性、艺术、文化品位,如果达到让人眼前一亮、过目难忘的效果,即为成功之作。例如,有一家饭店在大堂内放置一块直径超过 2m,厚度 30cm 的大砧板,

图 1-3 门前防尘垫

客人走近大堂后驻足观赏，过目不忘，极有个性。

大堂内慎设喷水池，不利之处有：一是有水声干扰（噪音）；二是喷水池是一个自然吸尘器，水容易变质；三是需要运行、维修费用；四是多数喷水池配有池底灯，有时产品质量不好，管理不到位，带来安全隐患。多数饭店喷水池是短命的，在不喷水时，完全是刹“风景”的鸡肋，不太好处理。

现简述大堂内主要功能要求。

### 1. 总台

总台是直接为客人提供服务的窗口。总台位置一般不直对正门，根据大堂功能布局实际情况，设在大堂右侧或左侧（以客人进入大堂方位）。总台开间不要过长，应与饭店规模成一定的比例，一般 6～8m 长。根据现代饭店对客服务理念——以人为本，总台设计模式应改变，由原来柜台封闭式站式服务改为座（沟通）式设计，如图 1-3 所示。客人、服务员坐下履行程序、进行沟通，更有人情味。图中导入简约式设计理念，不仅是对客服务的需求，而且为饭店节省了投资，一举两得。

总台后面的主立面墙上尽量不要开门，否则将破坏整体效果，服务员到总台办公室，可以从侧面进入，立面墙上的装饰应有主题，最好是具有当地文化特色的内容，切忌照搬照抄，色调应与饭店主、辅色调协调。如果一时选不到合适的内容来表达，用与主、辅色调协调的一色也比风马牛不相及的装饰好，宁缺毋滥。切忌在立面墙上挂世界钟或各种各样的牌匾。

为了更好地为客人服务及提高工作效率，总台附近的功能配套非常重要，并且要符合人流的要求，如图 1-4 所示。贵重物品寄存与总台既方便客人、安全，又要使服务员工作便捷。

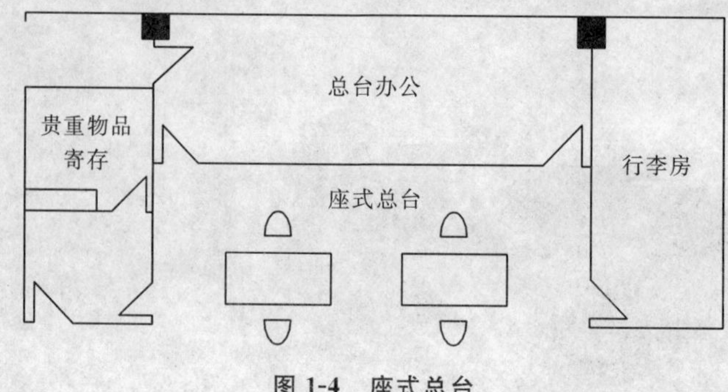


图 1-4 座式总台

注意贵重物品寄存间流程要求，处理好"两个空间三个门"的关系。两个空间指的是贵重物品寄存间分为两个区域，外侧用于客人存、取贵重物品交接的空间；内侧为放置保险柜的空间。三个门是用来为客人提供服务而设计的，见图 1-4 左侧"贵重物品寄存"部分，流程为：当客人有贵重物品要存、取时，服务员打开靠总台一侧的门，接着将左侧的门打开，让客人进来，随后服务员打开内侧放保险柜空间的一扇门为客人进行存、取贵重物品的操作。

2. 休息区

为了尊重客人，不让客人"站着"，因而设有休息区，这一理念是 20 世纪八九十年代的事，而现在(21 世纪)饭店是买方市场，客人排队等 check in/out 已不见，因此，休息区设计理念应淡化。如果设置休息区，面积不要过大，几十甚至上百平方米的休息区不可取。休息区内不必要设很多沙发，可以象征性地设一两组满足需要。如果是住店、来店消费的客人休息，对饭店来说是值得的，如果是"沾光"客人来休息，对饭店来说则是负担，往往这些人乱弹烟灰、坐姿难看，给饭店形象抹黑，PA 还要为之服务。因此休息区设置应趋小。

3. 大堂吧

如图 1-5 所示，大堂吧是配套服务区域，根据饭店经营趋势，大堂吧服务功能变得多样化，经济效益趋好。大堂吧提供休息、茶水、小型洽谈、简餐、住店客人自助早餐、中/晚自助餐等服务，基于上述服务功能，大堂吧必须配厨房，且与后台有通道相连，确保服务质量。随着大堂吧功能的增加，应注意此区域的空调效果，厨房及大堂吧区域负压处理应符合要求，防止厨房或大堂吧区域的茶(香)味飘到整个大堂空间或楼层。

4. 商务中心

商务中心多数设在一层，有些因布局需要，也有置于二层以上的。其区域内设有洽谈室、电话间、打字间、复印、传真等服务项目，其中洽谈室、电话间等单独隔开。商务中心面积不宜占用大堂过多面积，紧凑够用就可以。随着 e-Hotel 的发

图 1-5　吧台

展，饭店商务中心的作用在淡化。

### 5. 小商场、精品店

小商场是方便客人的配套区域，面积在 20～50m² 之间，一般应与大堂其他空间隔开，出售的是日常用品，只是方便客人而已。精品店可与小商场相通，面积不宜大，是配套项目。

### 6. 大堂步行梯

如图 1-6 所示，饭店二、三层多是餐饮消费楼层，如中餐厅、餐厅包厢等。由于客流量大，光靠客梯运输，有时会产生拥挤现象，降低了服务档次，因此要在大堂适当位置辅设步行梯供客人直接上楼消费。步行梯位置明了、装修大气，每个台阶高度不大于 150mm，台阶具有防滑功能；扶手忌用金属材质，设置区域照明。

图 1-6　大堂步行梯

7. 大堂副理

大堂副理是饭店管理、提高对客服务质量的窗口。其位置的选择有一定的要求，不宜设在醒目位置，一般设在与总台呼应互补的一侧，其桌椅的体量要控制，设计成老板桌、高背椅是不可取的，有喧宾夺主之嫌，在其附近设地插(照明、电话等)。

8. 大堂地面

大堂地面材料选择很重要，既涉及饭店大堂的档次，又涉及运作管理与成本。大堂地面一般选用硬地面，即石材，国内饭店行业有些业主对石材选择有认识、使用上的误区，应慎重选用大理石、花岗岩的材质、色彩图案，要与日后保养结合起来考虑。

花岗岩、大理石的物理、化学性能是有所不同的，现说明如下。

天然花岗岩从其物理特性来说，其质地硬、耐磨，基于这一特性用作大堂地面比较合适，大堂人流量大，用它可以保持大堂地面光亮。花岗岩的化学性质是比大理石耐酸，根据这一特性，用其作卫生间台面也比较合适。卫生间台面经常要清洁，所使用的清洁剂中含有酸性化学剂，如草酸等，因花岗岩比较耐酸，所以经常清洁表面，不会发生化学反应，腐蚀表面，或产生点蚀，削弱表面光泽，可以保持台面光亮效果。同样，大堂地面用花岗岩材料，清洁保养时，也有类似效果。由于花岗岩图案单一，对装潢效果渲染有一定的限制，这往往是业主、设计师选用大理石作为大堂地面的原因。

天然大理石的物理特性是，其质地软，不太耐磨，因此用作大堂地面在保养方面有一定的要求。大理石用作大堂内立面装饰比较合适，如柱子、墙面等。其化学特性是不太耐酸，容易被酸性物质腐蚀，故不宜用作卫生间台面，否则用不了多久，台面无光泽，产生点蚀，影响外观效果。如果客房内有窗台，以前多用木质材料装饰，时间长了(一般开业一年后)，表面龟裂，再者客人看窗外时，将茶杯顺手置于窗台上，留下杯底圆圈，难以清除。改造客房时，如果改用花岗岩，上述问题就解决了，当然，新建饭店就用花岗岩装饰是明智之举。

由于人们向往绿色装修，卫生间台面也常选用人造大理石、玻璃制品、合成材料等。因为天然花岗岩、大理石深埋地球深处，含有放射性物质(如氡元素)，对人体有害，所以饭店内应控制石材的使用面积，如大堂地面确有必要可选用石材，其他表面应控制天然花岗岩、大理石的用量，还客人绿色环境。

在实际工作中，人们对大理石、花岗岩的识别不太清楚，这里提供一些鉴别的方法，如图 1-7、图 1-8 所示。大理石图案看起来比较大，且分散、成不规则图案分布，而且大理石图案具有飘逸、浪漫的色彩，用于装潢大堂地面、墙面、柱子有着豪华、高贵的效果，有时在大堂的墙面上整体看像一幅国画，给饭店增添文化内涵，这就是为什么饭店常用它来做装潢材料的主要因素。而花岗岩图案看起来比较小，而且图案具有规律性，与大理石相比，色彩不那么丰富。

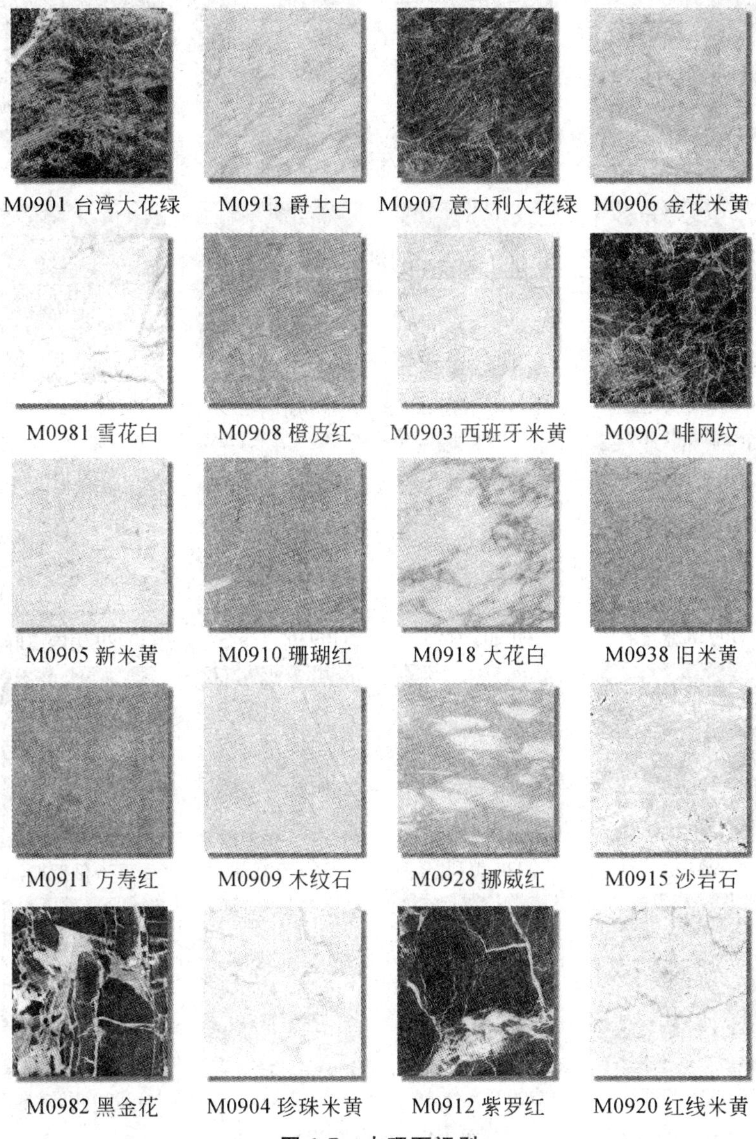


**图 1-7　大理石识别**

9. 灯光色调

良好氛围的大堂离不开灯光的使用。大堂属前台，因此前台灯光一般用暖色调营造氛围，给客人以亲切、温馨之感，感受到一种尊重，从而提升大堂的档次。大堂灯光照度也应足够，在相同空间条件下，相应提高照度，视觉上空间扩大了，反之亦然。大堂区域的灯光照度应在 150lx 左右，总台附近照度值还应增加，在 250lx

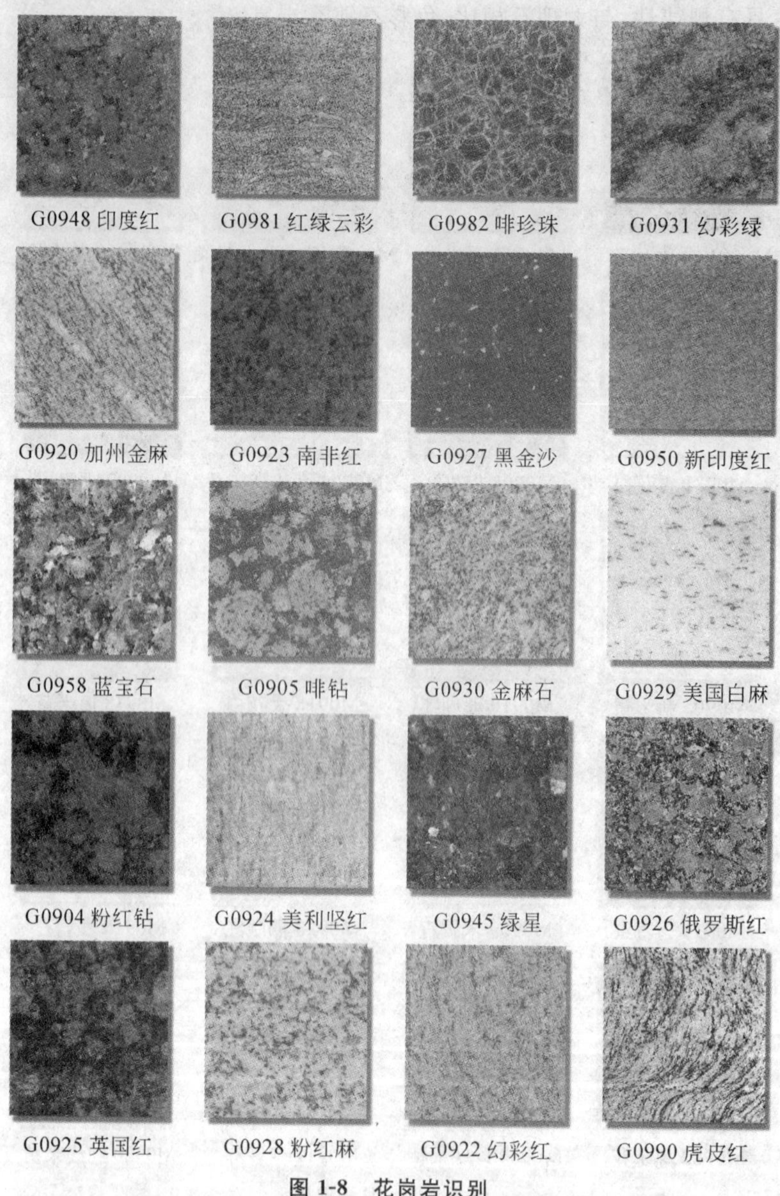


**图 1-8　花岗岩识别**

左右。大堂内空间大,设有不同区域,一般采用目的物照明手法烘托效果,如大堂镇店之宝可以采用射灯局部照明。灯的型式选择应结合其装修设计要求来做,讲究协调,任何区域无直射光对着客人视线。大堂内慎用水晶吊灯,除非真品,赝品存在安全、管理隐患。光源如果选用灯泡应选用磨砂的,如果选用节能灯应特别注意节能灯、灯筒规格的匹配,切忌双 U 型节能灯的"两条腿"伸出灯筒口平面,这时可以选用螺旋形节能灯代替。根据经验,节能灯双 U 管缩到灯筒口 20～30mm 为佳。还要注意，如果大堂采用暖色调氛围，节能灯选用2 700K色温的暖色调(RD)，不要用6 500K色温的冷色调(RR)。

如上所述，饭店前台一般用暖色调，但也有用冷色调的，冷色调有提神作用，常用在饭店的健身房、保龄球馆、台球室、乒乓球室、会议室、写字间、后台区域等。饭店冷暖色调可根据设计需要选择某个空间色调，但应注意，同一个空间不应出现冷暖交叉的两种色调，否则照明效果被破坏。

大堂多迎街、朝阳，大面积采用玻璃通透隔断是常用手段。这样既能提升大堂档次，又可以节电。但应注意有效采光面利用，并非玻璃高度尺寸、面积越大越好。还需要考虑到安全、清洁卫生、空调节能等因素。大堂吧等侧面的落地玻璃内侧面应设适当高度的隔栏，外侧以花坛、绿色植物保护。还应在大堂入口或其玻璃门、墙上在距地面1 200～1 400mm高度处设有明显色标，确保客人安全。

10. 洗手间

如图1-9所示，大堂内客用洗手间是饭店的重要窗口，往往被业主忽视。洗手间设计、管理得好，会给客人留下好印象。客人从飞机场、火/汽车站等处赶往饭店，有时未先到总台办理入住手续，先用洗手间。如果洗手间内明亮、清洁、无异味，客人就会联想到马上入住的客房内洗手间也会很好。反之，会影响到客人入住的情绪，甚至影响到客源。

**图1-9 洗手间**

洗手间位置选择有一定的要求，位置既不要显露，也不要过于隐蔽，应恰到好处。男女洗手间入口位置尽量满足男左、女右的习惯设置。应设残疾人洗手间或洗手间内设残疾人厕位。最重要的是洗手间内排风效果应符合"真排风"要求，以免污染大堂，甚至污染饭店其他空间的空气。洗手间内灯光用暖色调为宜，照度应大于 150lx。洗手间已不仅是"方便"之地，而且应具有休息、补妆、阅读等功能，因此空间大一些，各空间摆放一盆绿色植物，在厕位附近安装 LCD、等离子电视或音乐播放器也是必然趋势。

## 1.5.3 中餐厅功能布局

中餐厅如图 1-10 所示。中餐厅是饭店餐饮服务的主要餐厅。中餐厅位置选择很重要，客人进出中餐厅要方便，因此一般位于饭店裙楼部分的低楼层，如一、二层位置，这样对缓解客梯交通压力很有好处。中餐厅装修风格应体现中国文化内涵，如门口或玄关采用木质结构造型，配以红灯笼、阿福贴画装饰，厅内墙壁采用木雕花、镂花图案装饰，椅子选用靠背高度在 1m 左右的高背椅。服务员服装是餐厅动态装饰，用当地、中国传统式样显得别具一格，如采用印染织布面料等。中餐厅根据面积大小，其餐桌位置、通道按流程布局。一般以 10 人桌布局，注意圆桌尺寸直径D＝70×餐位/3.14(cm)，餐位数按 1.5～1.8$m^2$/位来设定，客人在厅内能自由起座、走动，服务员能潇洒服务。中餐厅内餐桌位置确定后，灯光照明采用目的物照明法，在餐桌正上方设有吊灯等，灯光色调采用暖色调，照度在 200lx 左右。中餐厅与厨房之间的通道应设置双道双门结构，起到隔味、隔热、隔音作用，如图 1-11所示。另外中餐厅内餐具柜数量不宜多，其高度不要超过1m(低于椅子高度)，否则影响厅内整体视觉效果，喧宾夺主。应在同层设有厨房。

图 1-10　中餐厅

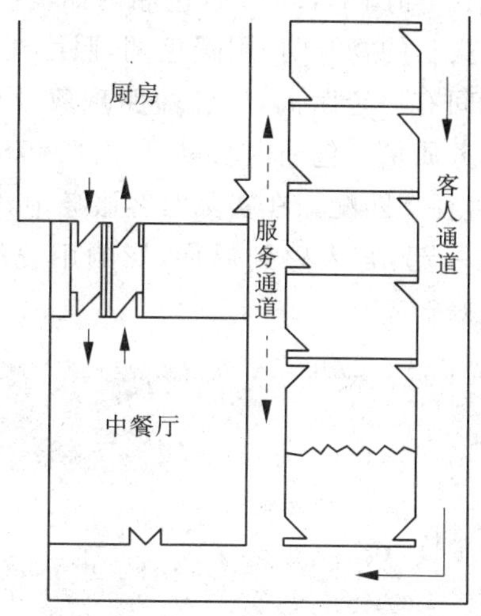


图1-11 平面布局

### 1.5.4 餐厅包厢功能布局

不同餐厅包厢的布局分别如图1-12、图1-13、图1-14所示，饭店餐饮服务的餐厅包厢属中高档次消费，为了满足客人需求，包厢面积及装修档次分别按大、中、小与高、中、低来设计，大面积包厢内还设有活动隔断，以满足经营需要。高档包厢内设有洗手间（男、女分设）。在装修前必须先给每个包厢取名，装修后的效果要体现餐厅名字的文化内涵。有些餐厅包厢设有双通道，即客人通道与服务通道，这样做的好处，一是服务中少交叉，上档次；二是服务快捷（服务步行距离短）；三是保护客

图1-12 包厢餐桌（1）

人通道地面(如地毯)清洁。如图 1-12 所示,包厢内如设沙发休息区宜放在入口附近一侧,灯光照明采用餐桌目的物照明,用暖色调,照度在 200lx 左右;空调送风口不直对餐位,送回风口之间有一定距离,避免短路现象,影响空调效果。一般包厢同层应设厨房,以保证服务质量。包厢内餐桌尺寸:D=75×人数/3.14(cm),注意玻璃转盘尺寸要与餐桌直径相匹配。在实际对客服务中,转盘尺寸往往偏大,客人用餐时,桌前餐具紧靠在一起,客人感到局促,影响用餐的舒适性。请分析一下,三幅图中,哪种设计比较好?

**图 1-13　包厢餐桌(2)**

**图 1-14　包厢餐桌(3)**

### 1.5.5 西餐厅功能布局

如图 1-15 所示，西餐厅位置是与中餐厅相比更为安静的区域，如果与中餐厅在同一楼层，中餐厅靠近门厅较近，而西餐厅则靠近里侧。西餐厅内功能布局要考虑摆台具有一定的灵活性，因为西餐厅有时根据经营的需要布置成自助餐厅，如国内不少饭店让住店客人在自助西餐厅用早餐。

西餐厅内餐桌多以方桌(900mm×900mm)或长桌为主，座位常沿墙壁或隔断处布置成半包厢型式，富有私密感。西餐厅装修具有协调、典雅、含蓄的特点，灯光色调用暖色调，其照度比中餐厅弱一些，如果配以烛光造型的灯具更有情调。西餐厅地面用软、硬地面均可。同层应设厨房，并且在餐厅与厨房之间设双道双门结构，以保证档次。

**图 1-15 西餐厅餐桌**

### 1.5.6 会议设施

会议厅如图 1-16 所示，会议区域应相应集中，对饭店其他客人干扰较少。设有大、中、小会议室，大会议室多数由多功能厅代替。会议所在楼层要设置洗手间，会议室入口处设衣帽间、休息室；在会议室附近设置服务间用于提供茶水，并能存放布草、茶具、会议用品等，其内设有上下水，供杯具消毒等。除会议型饭店外，一般饭店中小会议室的数量不宜设得过多，忙时可由活动式餐厅包厢代替。

会议室内功能布局应考虑会议特点，会议室内一般不设窗户、固定主席台。装修风格应简约，灯光照度应足够(200lx 左右)。中大会议室应配置音响、多媒体(视频)设备、同声传译系统等。

图 1-16　会议厅

大型会议多在多功能厅进行，见图 1-17 所示。随着会展经济的兴旺，饭店的多功能厅效益必然趋好。多功能厅一般应具备下列服务功能：会议、表演、T 型台、大型展览、宴会等。多功能厅布局见图 1-18 所示，多功能厅位置一般位于裙楼的顶部，厅内无柱网。多功能厅应考虑下述功能。

前室：在大厅门前区域，作为缓冲区，用于会前会中客人休息，还可提供茶水服务，也可供客户签到、发放礼品、资料等用。

接见厅：位置靠近大厅入口处，用于贵宾接见或休息。

衣帽处：位于前室区域，采用半封闭式。

洗手间：与多功能厅同楼层，离多功能厅不要过近或过远，厕位数应足够，可与同楼层其他服务项目共用，注意洗手间内排风效果，应是真排风。

活动隔断：多功能厅面积比较大，一般应设活动隔断，注意活动隔墙移动应灵活，且具有隔音效果。

拼装舞台：多功能厅内不设固定舞台，以满足不同类型的活动，采用积木式拼装舞台。

音响化妆间：带上水设施，应设两处，在大厅分成两块使用时，分别供两个场地使用。

储藏间：供翻台、存放物品用。

专用服务通道：连接厨房与多功能厅，且同层设厨房(辅助厨房)提供配套服务。

空调机房：多功能厅内空调应采用机组送风型式，且机房在多功能厅附近，且避免风机噪音对大厅干扰，一般采用机房与多功能厅有空间隔断。因风机盘管有入孔、冷凝水问题影响装饰效果，所以应慎用。

多功能厅注意灯光色调，灯光用暖色调，照度在 200lx 左右，并带有调光系统。

图 1-17　多功能厅

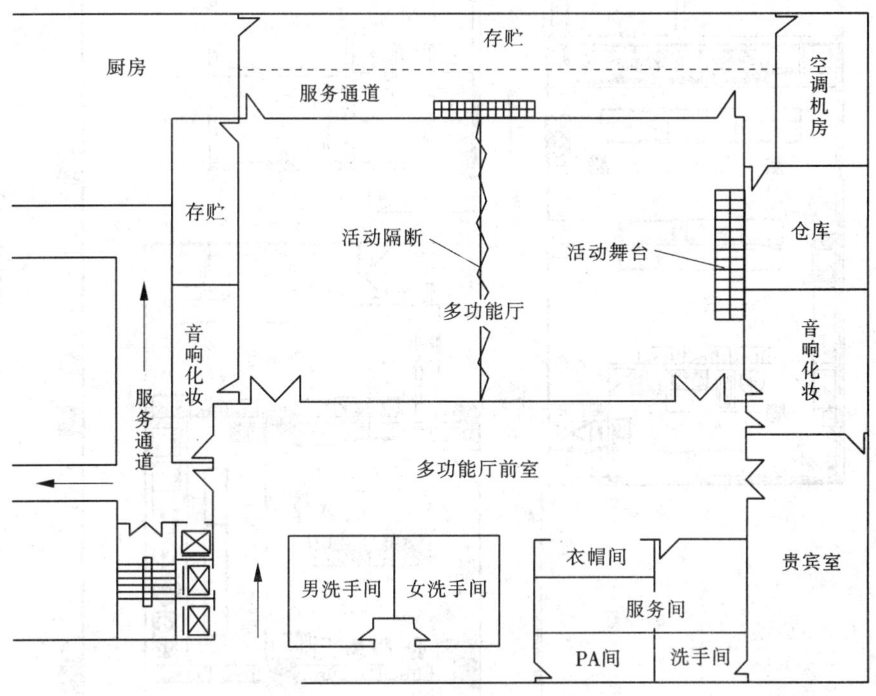


图 1-18　多功能厅功能布局

## 1.5.7　厨房功能布局

如图 1-19 所示，饭店厨房是餐饮服务的重要组成部分，随着市场竞争日益激烈，厨房从原来概念上的后台部门逐渐发展为扮演着重要角色，厨房运转的好坏直接影响餐饮产品的质量。要使厨房正常运转必须有合理的功能布局来支持。厨房面积指标(S)越来越受到重视，S＝厨房面积/餐厅面积，有些饭店 S 值已达到 1。为了保证厨房正常运转，S 值不能小于 1/2。

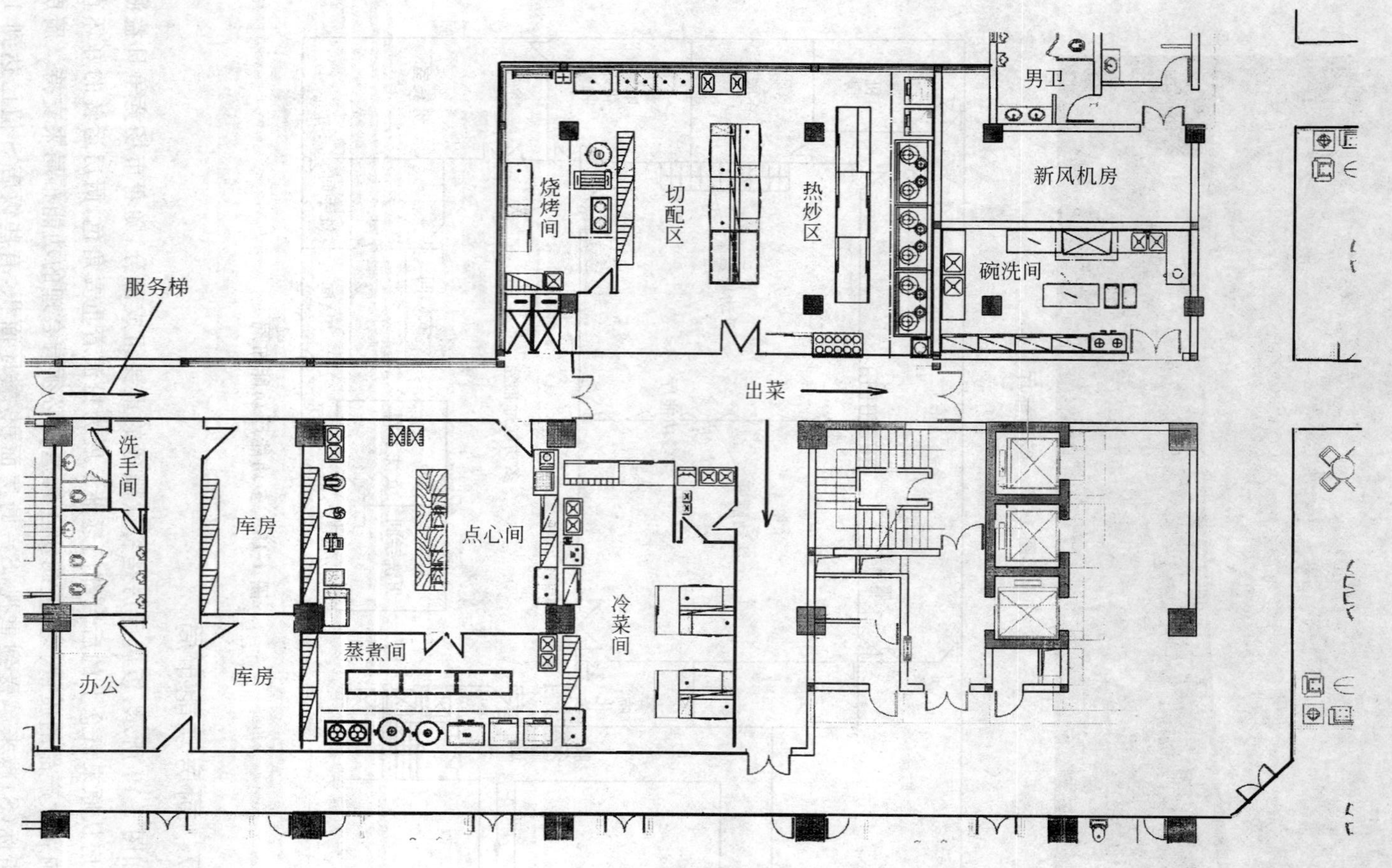


图 1-19　厨房功能布局

厨房面积包括生产区域面积与后台面积。生产区域包括粗加工、切配、冷菜间、烹饪、白案、烧烤、蒸煮等；后台区域包括餐具洗涤与收藏、干货库、酒水库、冷冻冷藏库、员工和厨师长室等。

饭店厨房分主厨房和若干个辅助厨房。主厨房的位置要求：进货畅通，垃圾容易清理，方便清洁卫生；领料方便、联系快捷、便于管理。厨房位置、面积确定后，就要考虑其内部功能布局了。厨房的门尽量少设，不设窗户；厨房区域与其他区域在天花板以上高度应完隔断，避免排风时产生短路现象。厨房地面应设明沟，且明沟底有足够的坡度，最浅处离厨房地面的深度应大于 150mm，保证明沟内无积水现象，见图 1-20 所示。注意灶台前的明沟不要紧靠灶台，应离开灶台 400～500mm，让厨师站在地面上操作，不要在明沟钢栅栏上跳 Disco。厨房内排水主管直径应大于 200mm，确保排水畅通。地面铺设吸水、防滑小尺寸（50mm×50mm）地面砖，忌用 300mm×300mm 尺寸。图 1-21 是南京中心酒店中厨房地面。厨房墙面白瓷砖贴高至天花板。厨房与餐厅的通道应设置双道双门结构。

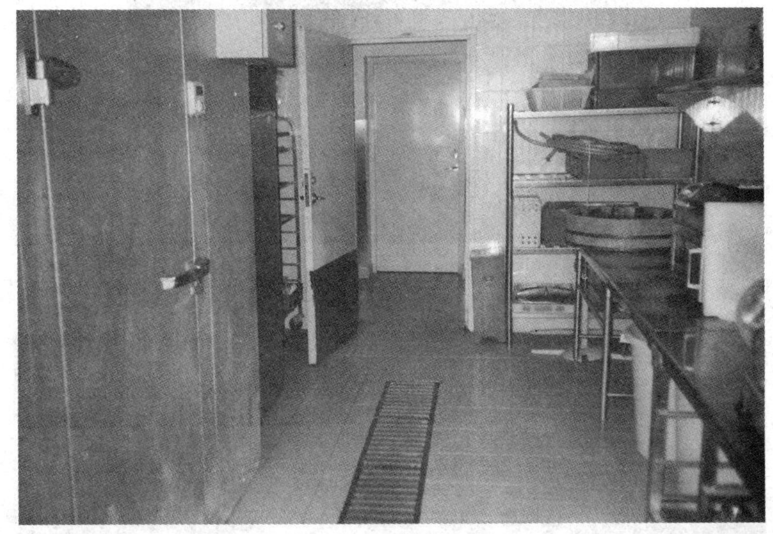

**图 1-20　厨房地面**

## 1.5.8　客房功能布局

先看两个图例：图 1-22 是传统的客房布局，“123”（哆来咪）式的三连柜像冠军领奖台布局，没有以人为本，客人不喜欢；图 1-23 是 21 世纪饭店客房布局发展的趋势。

如图 1-23 所示，饭店客房层是相对安静的区域，一般位于裙楼之上，按客房类型不同，档次高的客房位于楼层相对高一些的位置。主要客房类型有：标准（双床）间、大床（单床）间、套房（二间套、三间套）、经济房、连通房、商务房、商务楼层、总统

图 1-21 中厨房

图 1-22 “123”式三连柜

图 1-23　客房

套房、残疾人房等。

客房楼层应有客梯、服务梯、步行梯、服务间等。一般要求电梯隔壁的房间不作为客房，以免电梯运行振动噪音对客房干扰。客房走廊两侧的客房门应尽量错开，位于电梯厅、步行梯、服务间附近的客房门也应避免直对上述门厅、出入口，可以通过改变走廊一侧客房洗手间位置，改变步行梯、服务间及有关通道门的位置，还可以将客房的门改变一个角度（30°或 45°），避开视线直射客房，见图 1-24。客房门入口处最好后退 400～450mm 的距离，见图 1-25。

### 1. 双床间/大床间/套房

双床间见图 1-24；大床间见图 1-25；套房见图 1-26。

客房内布局应顺应客人的需求，紧跟时代步伐。任何套型的客房应避免 20 世纪八九十年代的陈旧模式——不论星级高低，客房内功能布局千篇一律，如“老六件”：“123”式三连柜、床头灯、床头柜、一个茶几两个沙发、衣橱放门后、开门见恭桶（卫生间内布局）。对客房老六件模式，客人不喜欢，也给饭店管理带来不便之处。

随着人们工作、生活节奏加快，饭店客房应是客人减压、恢复身心的场所。对客房来说，要求视角空间宽敞、采用落地窗、内外通透，家具少些，并改变家具、电气设施等老式布局，将有限的空间让给客人。客人对摆放一盆绿色植物与多放两件家具，更喜欢绿色植物；将客人所需要的设施（如充电插口）应方便操作，配 IT 插口，客房装修以简约为原则，真正让客人感受到家一样的氛围。

现将客房布局、装修注意事项归纳如下，供参考。

(1) 客房走廊天花上可用熔片式喷淋头。

(2) 客房门尽量错开。

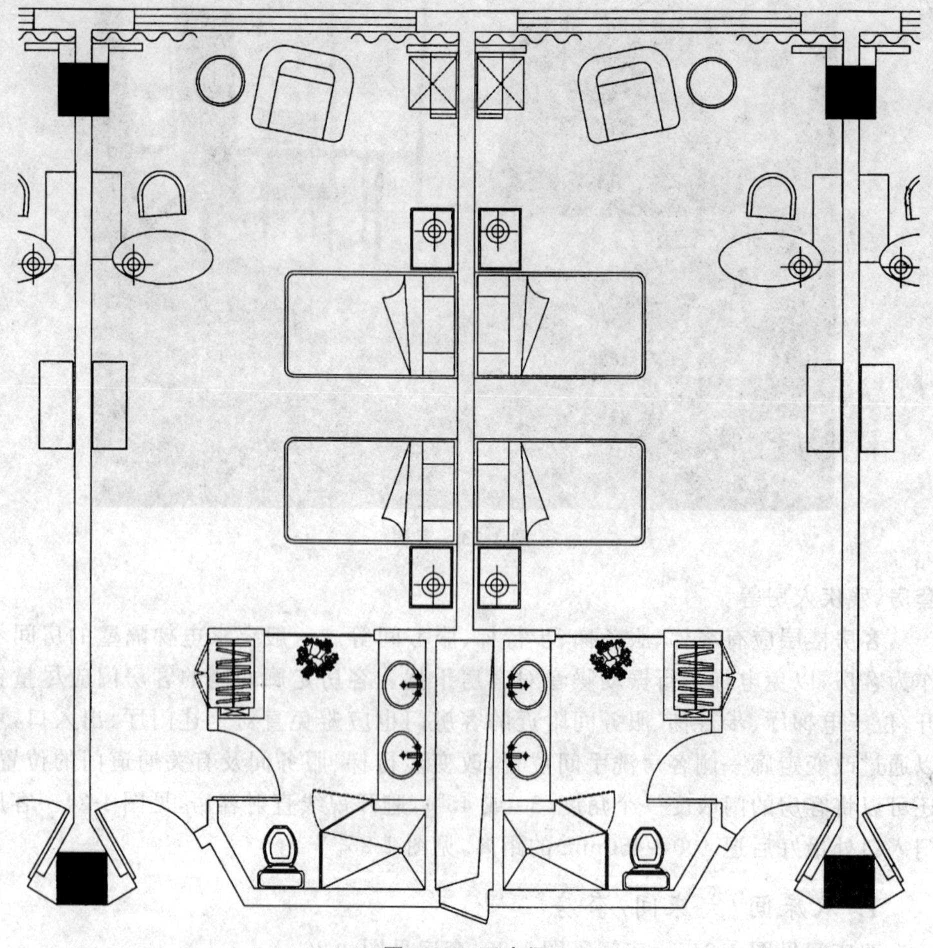

图 1-24 双床间

(3) 门口处后退 400～450mm。

(4) 尽可能用落地窗，窗两侧留 500mm，置窗帘。

(5) 客房内一般不做吊顶，喷淋头可用侧喷。

(6) 地面可分为三个区域：半湿区(进门)、静区(床的位置)、活动区(窗口)，三个区可分别用软、硬地面。

(7) 去掉"123"布局型式，写字台放在窗口，且可以面向窗外或面向客房门或斜一个角度，可不设行李台。

(8) 取消床头柜上电气集中控制方式，电灯开关等控制采用就近、分散原则。

(9) 床头灯不一定放在墙上，可设置在天花板上或不设床头灯(目前设在墙上的两处床头灯，水平高度不一致，有时客人将衣物放在灯罩上烘干，这样的后果一是污染灯罩；二是存在安全隐患)。

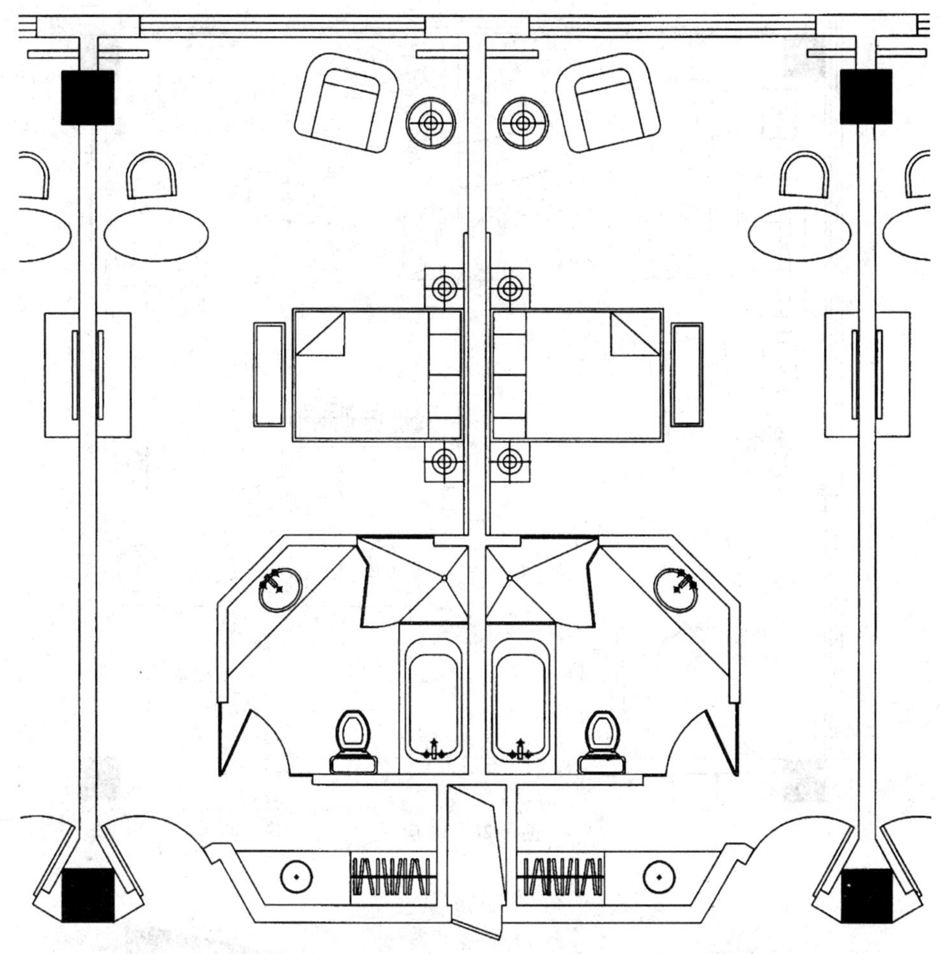

图 1-25 大床间

(10) 衣橱不一定设置在门后，如果在门后，进深应大于 500mm。

(11) 客房走廊与客房、客房与客房、卫生间与其他空间的天花板以上的墙应真隔断，防止卫生间污浊空气交叉影响。

(12) 压缩管道井面积，增加卫生间面积。

(13) 采用通透卫生间，可一面透(面对窗口的那面墙用玻璃)或两面透(面对窗口和走廊的两面墙都用玻璃)。这样做有三个好处：一是可改善客房空间视觉舒适感；二是在视觉上增加客房和卫生间面积；三是节省电能(白天可不开灯，长夜灯现象可避免)，如图 1-27 所示。

(14) 卫生间内可设淋浴和浴缸，当面积有限时，只设淋浴，不设浴缸；套房内设两个卫生间，客用卫生间面积可缩小，其内不设淋浴或浴缸；主卫生间内设淋浴

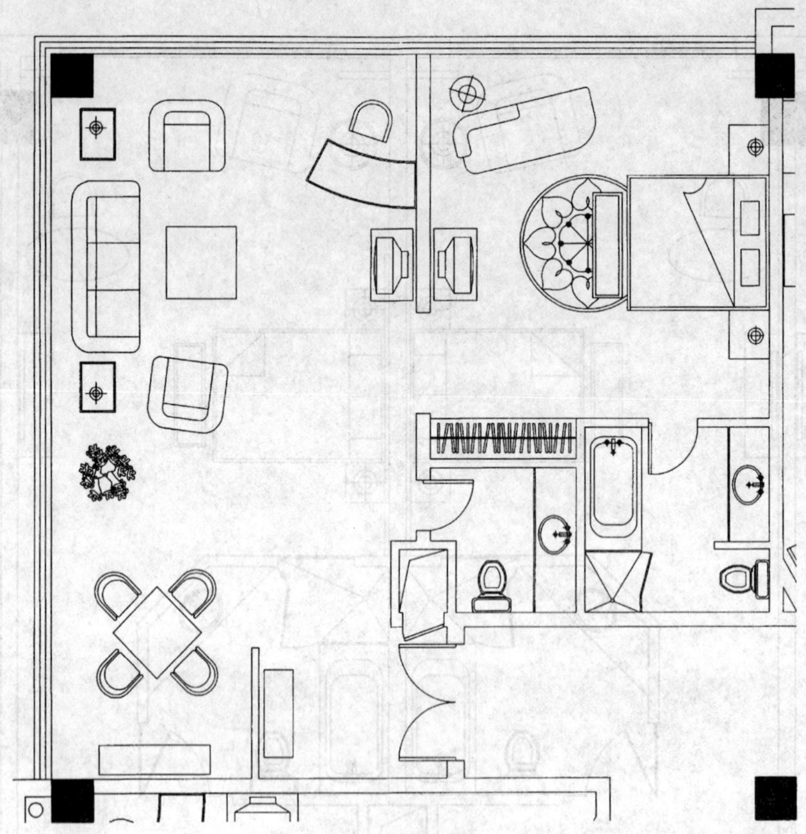

图 1-26　套房

图 1-27　通透卫生间

和浴缸供客人选择；有浴缸时，放在走廊一侧，淋浴应用整体浴房。

(15) 卫生间内恭桶不要对着门，可采用半封闭式放在一角。

(16) 卫生间内照明分区设计，按镜前、淋浴、浴缸、恭桶(辅助阅读区)、入口区分别设置灯光，可用暖色调，照度大于 150lx；其中镜前灯不一定用吊顶式，可采用两侧壁灯。

(17) 卫生间内可不设电话分机。

(18) 卫生间台面用人造大理石或花岗岩、玻璃台面或其他新型材料，不用天然大理石，如果客房内有窗台，其上用花岗岩。

(19) 客房内电气插座(充电、IT)位置、高度以方便客人为宗旨，写字台附近的插座高度位于台面 100～150mm 为宜(充电插座数量为标准间设两个，IT 插口含电话、传真等)。

(20) 节电开关不控制冰箱、空调、充电、传真等插座。

(21) 每个客房设一个空气开关，一般置于衣橱内或置于方便操作的位置，忌设在天花板上方。

(22) 客房走廊内照明可用两路控制，可采用壁灯型式。

(23) 客房门锁用先进的开锁方式，如接触式，但要带机械钥匙式辅助开锁功能(隐蔽式)，锁高在 1m 左右；门内防盗栓用机械式的，不要用链式。

(24) "请勿打扰"牌不用电路显示，用挂牌方式。

### 2. 商务楼层

商务楼层布局如图 1-28 所示。

有些高星级饭店客房设商务楼层，给商务客人提供方便，也是饭店客房档次的标志。商务客人入住客房时，由大堂乘客梯直达商务楼层登记入住或退房，不必在大堂总台办理相关手续。商务楼层常设在客房层的较高位置，保证有安静的环境。一般用两至五个楼层作为商务楼层，将其与其他客房层相对独立，如果五层楼是商务楼层，如十六、十七、十八、十九、二十层，那么客梯停在十八层，配套设施也设在十八层，住在其他楼层的客人通过步行梯(室内)或观光梯(室外)上、下两层。商务楼层配套设施有商务中心(小型)、洽谈室、健身房、休息/阅报、简易西餐厅(提供早餐)、厨房(有专用后台通道)。商务客房内布局强调满足商务客人要求，客房内带简易自助小厨房、洗衣间、IT 及办公设施满足客人需要。

### 3. 绿色节能客房

国内饭店业是改革开放之初与国际接轨最早的行业，因此客房设计的功能布局照抄国外模式，客房内普遍是暗卫生间。暗卫生间无自然采光，客人进卫生间要开灯，甚至不在卫生间也开着灯；这种卫生间内排风效果不好，导致卫生间内排风扇长期运行，实际情况是客人入住后，排风扇很少有关掉的；这种卫生间管道井设

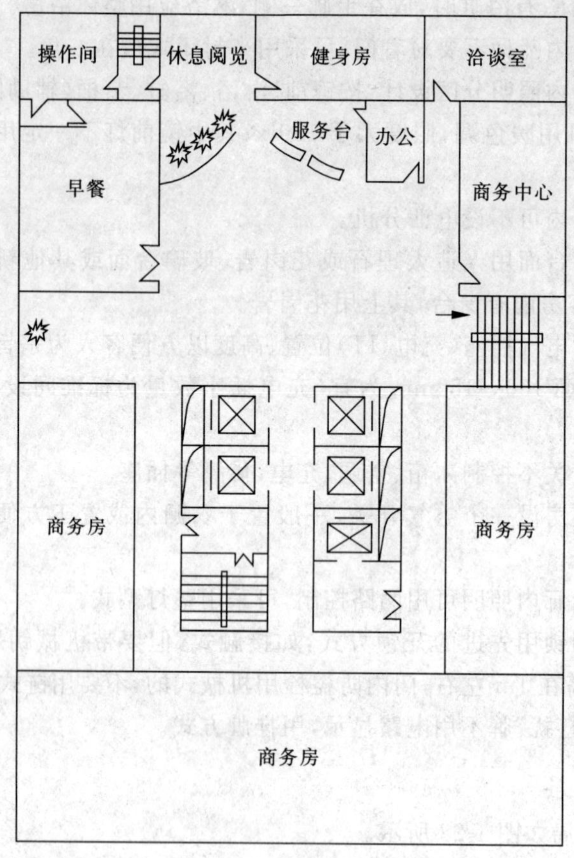


**图 1-28 商务楼层**

置过大，占用面积，带来浪费。

绿色节能客房建筑要注意客房开间与进深尺寸，考虑到客人居住及运行时节能降耗要求，开间尺寸在 4 000～4 500mm，进深尺寸在 7 500～9 000mm，标准层高在 2 800～3 200mm。应做好各空间之间的隔断，确保隔音效果与客人住店环境空气质量。节能客房功能布局主要应考虑以下几方面：①家具数量控制、摆放位置；②地面软（地毯）、硬（石材、地砖）材料的使用；③电器控制方式；④卫生间位置、面积、洁具类型与布置。节能客房设计举例如图 1-29 所示。

图 1-29 所示的节能客房功能布局打破了传统（国内通行的布局）做法。将传统的暗卫生间改为明卫生间，且卫生间内侧墙改用玻璃隔断，采用自然采光，这样客人进客房或卫生间无需开灯，采用玻璃隔断还有一个好处，夜晚客人睡觉时一定会关闭卫生间的灯。

卫生间内可设淋浴和浴缸，当面积有限时，只设淋浴，不设浴缸。客房内其他要求如前所述。节能客房的推广是一种必然趋势，当前应从两方面着手，对新建酒

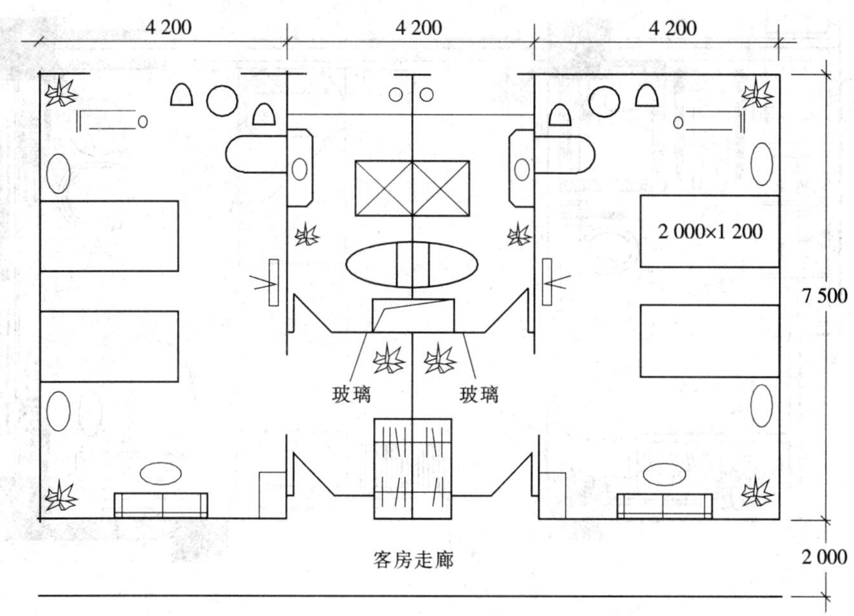


**图 1-29 绿色节能客房**

店应采取一步到位的做法;对已经开业的饭店在改造时应引入节能客房设计理念(客房改造周期为 5～8 年)。绿色节能客房的设计、实施,从技术上来说完全可以做到,关键是观念的更新。

4. 残疾人客房

见图 1-30 所示,残疾人客房布局应考虑残疾人实际使用来进行。残疾人客房位于客房层的底层,在楼层中的位置选在离客梯门厅较近、转弯少的位置。

残疾人客房注意事项如下:

(1) 客房、卫生间门宽大一些,900mm 左右;客房内用落地窗,内设防护铁艺栏。

(2) 客房门、锁把手不宜用球型,而是用摇臂把手。

(3) 客房卫生间内有较大回旋空间,家具摆放有利于轮椅车通过。

(4) 客房内单人床尺寸为 2 000mm(长)×1 350mm(宽),采用中式做床。

(5) 窗帘、电气开关采用遥控方式。

(6) 衣橱内挂衣架应可自由升降。

(7) 写字台采用课桌式设计,高度为客人在轮椅上可方便使用为准。

(8) 客房门上窥镜、锁把手、晾衣绳、门后面挂钩、吧台、卫生间台面等设施高度以在轮椅上方便操作为宜。

(9) 客房、卫生间内应设呼叫按钮。

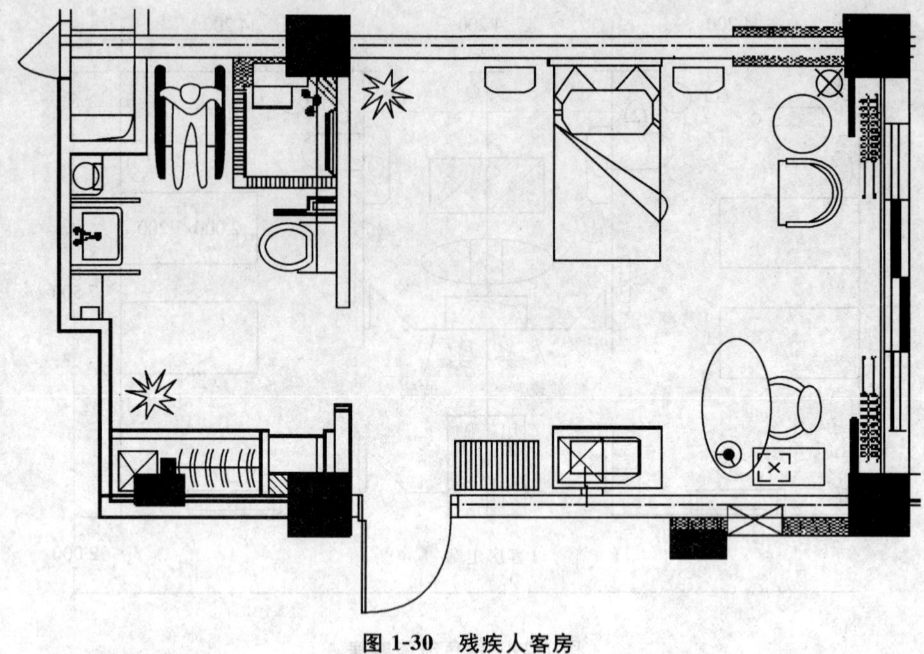

图 1-30 残疾人客房

(10) 卫生间内墙壁、台面、浴缸(淋浴)、恭桶附近设水平或垂直扶手。

(11) 卫生间如果设淋浴房，淋浴房不宜用玻璃材质作推拉门，改用其他韧性材料。

(12) 房内镜子可以摆放成一定角度。

(13) 卫生间地面靠近门的 15mm 与门边的小台阶填平至一个坡面，方便轮椅进出。

### 5. 经济型饭店客房布局

目前国内经济型饭店多数由办(写字)公楼、厂房、招待所等改造而成。经济型饭店的特点是安全、卫生、方便、快捷、实用。其客房是主要产品，无论是改造或是新建的饭店都应满足客人消费的基本需求，除客房布局有其特点外，三个条件要具备，即床、洗澡水和空调。

如图 1-31 所示，无论客房面积有多大，客房内布局借鉴星级饭店客房布局的理念，应该坚持将有限的空间让给客人，家具少一些，够用就行。客人直接享用的设施要求不降低，如床的尺寸为长 2 000mm，宽度大于 1 200mm。写字台与电视机柜连在一起，不设行李柜。客房内只设一个茶几、一张沙发，且不放在窗户中间，让客人有活动空间，方便观看室外的风景，释放压力。床头柜也是简易的，其上不设带集中控制的电气开关。卫生间应作为亮点来处理，而有些饭店认为是经济型饭店，其要求不能与星级饭店相比，这是欠妥的。卫生间内设施设备使用功能不能降低。一般设淋浴，且要通透隔断，否则客人洗澡时满地是水，会引起客人滑倒，不安全。洁具布局应改变传统的模式，根据卫生间实际情况布局更有特色。

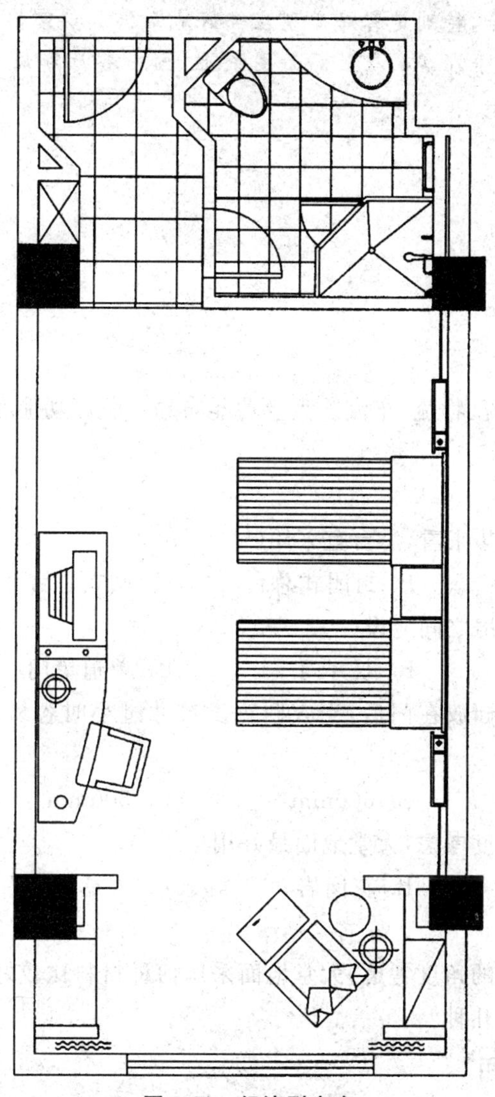

图 1-31 经济型客房

## 本章小结

本章讲述的饭店功能布局是本课程重点内容，掌握了这些基本知识后，为以后各章专业系统的学习与掌握打下坚实的基础。本章共讲述了五大内容，前四方面内容是容易理解的，最后一方面内容，即饭店功能布局需要重点掌握，这部分内容比较丰富，但直观、实用，主要介绍了饭店产品主要部分，如前台的大堂、餐厅、客房等，特别是客房套型应较好地掌握。要掌握本章内容，还要参观一些饭店，并动手在 A4 以上幅面图纸上，画出餐厅和厨房、多功能厅和客房功能布局图。

## 思考与练习

### ■ 概念与知识

□ 主要概念

功能布局　人流、物流、车流　大堂功能布局　餐厅功能布局　会议设施　客房功能布局

□ 选择题

1. 从发展的趋势来看，总台宜采用(　　)。

A. 座式总台　B. 封闭式总台　C. 站式总台　D. 独立式总台

2. 中餐厅与厨房之间应设(　　)。

A. 两道门　B. 双开门　C. 单道单门　D. 双道双门

3. 饭店客房衣橱放在门后，当衣橱宽度尺寸过小时容易产生噪音，这一尺寸是指小于(　　)。

A. 700mm　B. 600mm　C. 500mm　D. 400mm

4. 从管理的角度考虑，大堂地面最好用(　　)。

A. 大理石　B. 花岗岩　C. 人造大理石　D. 复合板

□ 简答题

1. 从运行管理的角度考虑，大堂地面采用何种材料比较好？

2. 客房套型有几种？

### ■ 分析与应用

□ 分析题

1. 试分析大堂主要功能设施及作用。

2. 贵重物品寄存间“两个空间三个门”有何作用？

3. 多功能厅应设哪些功能？

□ 应用题

1. 参观一家三星级以上饭店的大堂、中餐厅、餐厅包厢、厨房、客房。

2. 国贸宾馆有 300 间客房，客房开间为 3 800mm，进深 7 000mm，衣橱设在门

后，还有该宾馆床头柜上设有客房内各种电气控制开关。经常有客人投诉：听到隔壁客房的客人讲话和衣橱后发出的噪音干扰，客人存、取衣服不方便。试分析这些问题产生的原因及可行的整改方法。

**选择题参考答案**

1. A　　2. D　　3. D　　4. B

# 第2章 饭店给排水系统

**学习目标 》**

专业技术系统是饭店心脏部分，给排（上下）水设施是专业技术系统的主要部分。本章内容要学习和掌握给水系统方式、热水供给系统及水温控制、排水系统、中水回用等。

**知识要点 》**

了解给水方式；了解饭店供热系统；掌握客房供水的四个要求；知道水压不稳的一般解决方法；知道排水方式；了解中水回用基本知识。

**技能要求 》**

掌握实际工作中给排水系统存在问题的典型案例及整改方法，如冬季出热水时间长、洗澡水忽冷忽热，这些都是影响服务质量的主要问题。

### 水龙头安装错误，导致客人洗澡时严重烫伤

王先生的岳母活了大半辈子，从没有去过北京，因此王先生早就准备利用"十一黄金周"带岳母到北京旅游，他特意委托南京一家国际旅行社安排这次北上之旅。抵京当晚，王先生的岳母刘女士入住饭店后在洗澡时被热水严重烫伤。《南京晨报》、《北京晨报》等媒体报道了此事，北京市旅游局对这一事件也很重视。

这家四星级饭店的客房水龙头一红一蓝，红的是热水龙头，蓝的是冷水龙头，但两只龙头开关方向正好相反，且上面没有任何使用说明。当刘女士洗澡结束按顺时针方向关闭冷水龙头后，她急忙还按顺时针方向旋转热水龙头，想关闭热水。这一操作非但没有将热水关闭，反而将热水龙头开至最大，狂喷下来的热水将刘女士烫得直叫"救命"，并滑倒在浴缸里，结果被烫成重伤。

引例简析：导致刘女士烫伤的原因有几个方面：一是客房用品安装失误；二是洗澡热水温度过高；三是浴缸是名不副实，客人常常将其当成淋浴使用房；四是浴缸底没有放防滑垫。

## 2.1　给水系统方式

### 2.1.1　直接给水方式

当建筑层高有限(多层)，且室外供水管网水压、水量在一天之内均能满足饭店用水要求时，可以采用这种方式，其特点是简单，较为经济。

### 2.1.2　变频给水方式

如图 2-1，采用两台以上变频泵组合连续恒压供水，因这种供水方式无需设屋顶水箱，所以供水卫生质量有所提高，也降低了管理费用。

### 2.1.3　屋顶水箱供水方式

如图 2-2，用水来自屋顶水箱，水箱水位由浮球控制，这种给水方式主要缺陷是靠近水箱的三个楼层水压往往达不到要求，因为 10 米高差方可形成 0.1MPa 压力，所以这几个楼层离水箱距离形成的压差不能满足客房用水要求，一般饭店客房用水压力在 0.2～0.35MPa。

比如某饭店层高为 16 层，根据上述分析，14、15、16 层用水压力难以让客人满意，其中 16 层最差，因其离水箱最近，而饭店一般较好档次的客房放在高层，而水压却不能与服务质量匹配，要解决这一问题，可以在水箱出口处加一变频泵。

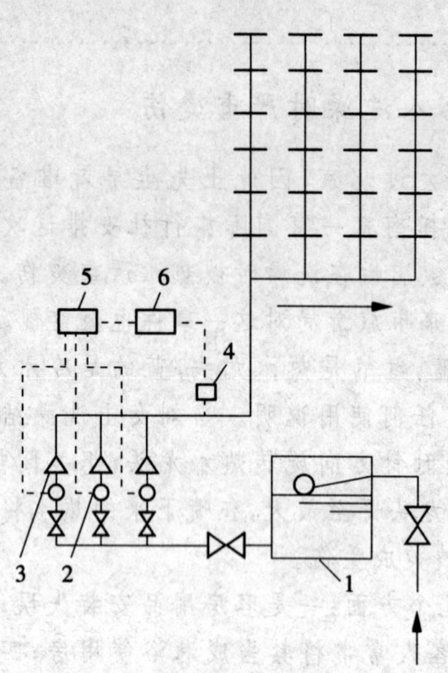


**图 2-1　变频恒压供水**

1—蓄水池；2—恒速泵；3—变频泵

4—压力变送器；5—调节器；6—控制器

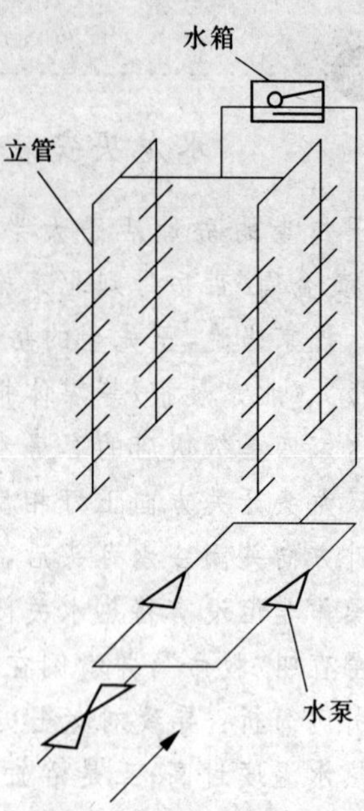


**图 2-2　屋顶水箱供水**

## 2.1.4　气压给水方式

如图 2-3，在系统中并联气压罐，利用空气可压缩性特点储蓄能量来升压供水。这种给水方式可由变频给水方式代替。

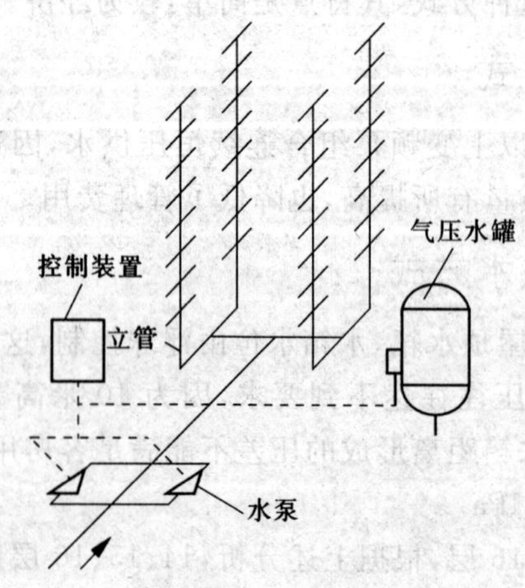


**图 2-3　气压供水**

### 2.1.5　分区给水方式

如图 2-4，对高层建筑的饭店，给水管路中压力超过其正常工作压力而损坏或存在给水安全隐患，压力超标后，有时系统中会产生噪声、水锤、振动等。常用竖向分区方法有以下三种。

① 减压阀。沿竖向分区，每区从屋顶水箱向下设减压阀达到稳压目的。设置减压阀方法简单、不占空间、投资节省(管道水泵少)、工作可靠、管理方便，适用于饭店。

② 减压水箱。在屋顶水箱以下根据分区，依次串联设置水箱给各区供水。这种方式水箱数量多，且屋顶水箱体积大，增加了结构负荷，系统运行效能低，还存在供水安全隐患。

③ 并联给水方式。各区水箱分开设置，各水箱给水泵集中设置在底层，方便保养管理，各区均为独立供水系统，较为安全。其缺点是水箱多，且占用空间，管理、投资费用增加。

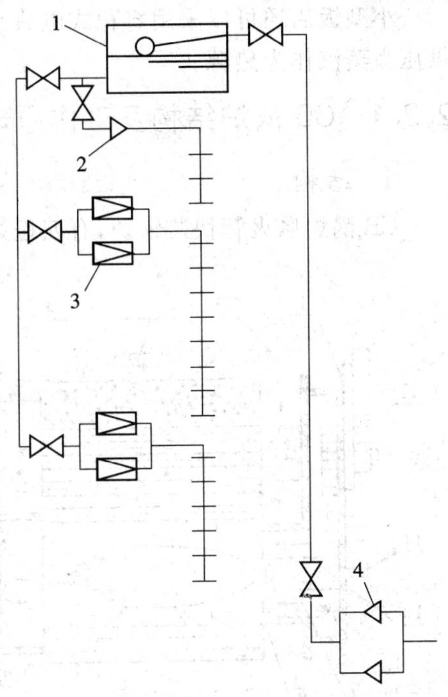


**图 2-4　分区给水**

1—水箱；2—变频泵；3—减压阀；4—水泵

### 2.1.6　分质给水方式

随着水资源日益紧张且水价趋涨，出于饭店控制成本的需要，应对给水进行分质供水，分别设置给水系统，如直接饮用水系统直供客房内饮用；一般用水系统用于厨房、盥洗(水质符合“生活饮用水卫生标准”)；杂用水系统用于客房内恭桶冲洗、PA 清洁等。

上述给水系统管路设置常用三种型式：环状式、上行下给式、下行上给式。

## 2.2　饭店供热系统

饭店供热系统主要是利用锅炉水产生压力蒸汽作为热源，再根据不同用途进行做功。客房、空调等需要的热水是通过汽—水交换器获得的；洗衣场、厨房等需要直接或降压后提供的蒸汽作为热媒。也可采用中央热水机组型式，客房等需要的热水通过水—水交换器获得，如果采用这种型式，则洗衣场需要另外的蒸汽设备提供蒸汽。

小型饭店还可以采用容积式电热水器提供热水。饭店常使用燃油(气)锅炉提供压力蒸汽作为热源。

## 2.2.1 CB锅炉结构及工作原理

### 1. 结构

CB锅炉属火管快装锅炉，有四程式燃烧过程，其工作过程见图2-5。

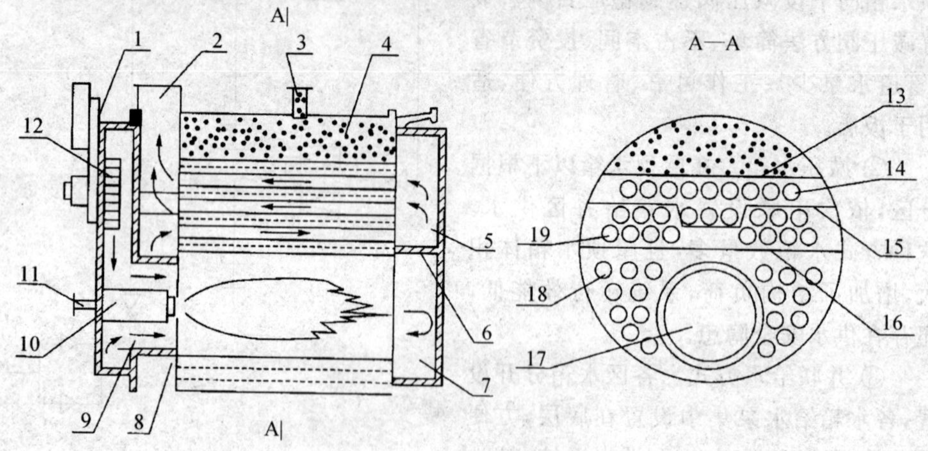


**图2-5 CB锅炉工作过程**

1—空气进口；2—烟道出口；3—蒸汽出口；4—蒸汽；5—上烟箱；6—后隔板；7—下烟箱；8—前烟室；9—助燃室；10—燃烧头；11—输油管；12—风机；13—最高水位；14—第四程烟道；15—前隔板；16—最低水位；17—主燃烧室(首程)；18—第二程；19—第三程

### 2. 工作原理

燃烧过程分四程。首程：燃油与空气的混合体在主燃烧室燃烧；第二程：经首程燃烧后，经后端门两侧(左右)烟道回到前烟室；第三程：通过炉体中部第三烟道回到后端门上烟箱；第四程：通过最上层烟道，经烟道口引入烟囱排出。CB锅炉燃烧系统由三部分组成：供油(气)系统；配风系统；燃烧控制系统。

(1) 供油(气)系统

根据使用燃料，更换燃烧头。燃油时可用轻柴油(零号)或重油，一般用轻柴油。系统由储油柜、供油泵、输油管道、过滤器、阀门等组成。雾化器是核心部件，其工作状况直接影响燃烧效果。油的雾化方式有低压空气雾化(常用)、机械雾化、蒸汽雾化、转杯雾化。

(2) 配风系统

为了充分燃烧，将油雾与空气充分混合，燃烧前供给一定量空气，占总风量的

15%～30%。空气流程为:空气过滤器→风机→空气室→扩散器。

(3) 燃烧控制系统

燃油雾化、配风、燃烧过程由电脑自动控制。根据负荷大小,自动精确地调节燃油与空气的比例及供给量,以保证充分燃烧。

### 2.2.2　中央热水机组

中央热水机组属无压(常压)工作方式,因此工作效率及安全系数比有压蒸汽锅炉高。还有直燃式机组,夏季提供冷冻水,冬季提供热水。

中央热水机组根据用水点热水提供方式分为直接加热式和间接加热式两种。

#### 1. 直接加热式热水机组

该机组组成比锅炉结构简单一些的无压热水锅炉。如图 2-6,机组直接加热方式产生热水,通过水泵输送热水。热水温度可调,机组燃烧器开停由设定的出水温度控制。饭店一般根据需要的热水温度上限值,如冬季取暖用热水温度 60℃左右,另设水—水热交换器提供客房洗澡用的热水。该机组主要特点如下:

(1) 结构简单,体积小,箱式外形;

(2) 本体为无压开式结构,常压下运行;

(3) 直接加热方式产生热水,用水泵输送热水;

(4) 出水温度任意调节,供热稳定;

(5) 背压低,噪音低,积碳少;

(6) 便于近程或远程控制,可实行单独或集中管理;

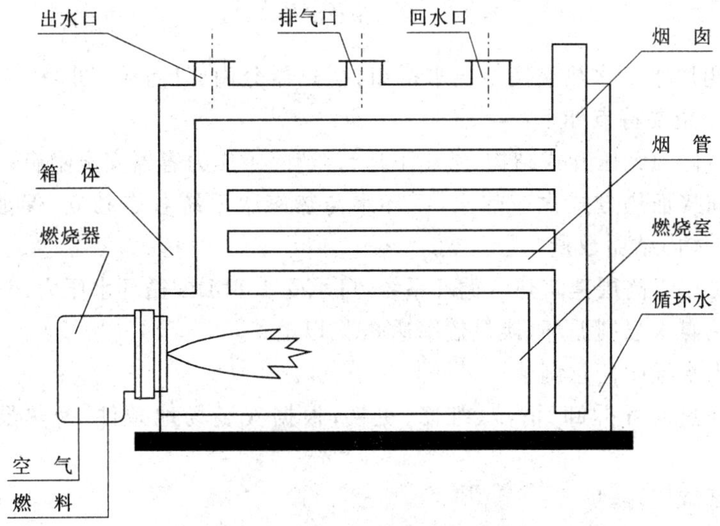


**图 2-6　直接加热式热水机组**

(7) 热效率在90%以上。

存在的主要缺陷如下：

(1) 循环水直接进入机组内，不清洁；

(2) 机组内易结水垢；

(3) 不能用于高层建筑。

2. 间接加热式热水机组

该机组以间接加热方式产生热水，如图2-7，循环水、热媒水系统各自独立，热媒水不参与系统循环，保证了循环水的水质，同时减少了本体内的水垢数量。热媒水在本体内通过水泵强制对流循环，从而大大提高了换热效率。

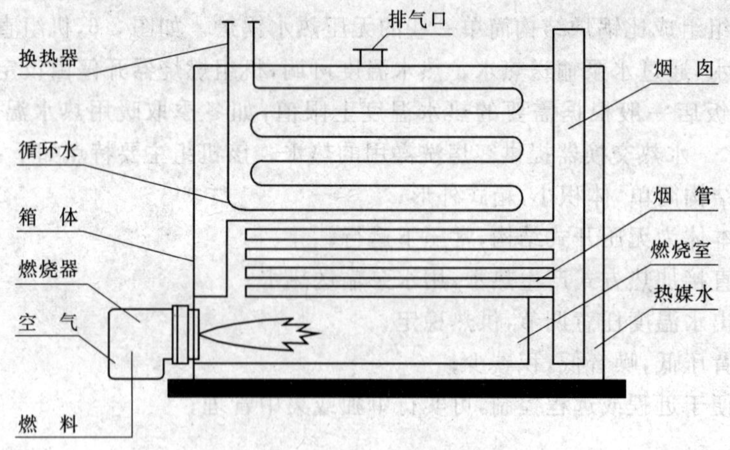


图2-7 间接加热式热水机组

该机组属水—水热交换型热水机组，换热器分内、外置式，图2-8为内置式结构。该机组主要特点如下：

(1) 机体为无压开式结构，常压下运行，消除了压力容器安全隐患；

(2) 间接加热方式供应热水，循环水与热媒水系统各自独立，保证循环水清洁，降低本体内结垢数量；

(3) 可用于高层建筑热水循环系统，可承受1.8MPa循环水压力；

(4) 热媒水强制循环，换热效率达88%以上；

(5) 出水温度任意调节；

(6) 换热器可拆卸、清洗、维修、更换；根据安装场地条件，换热器可内置或外置；

(7) 低背压，低噪音；

(8) 可实现远程或近程控制，便于集中或单独管理；

(9) 初期投资及运行费用均低于同等功率的锅炉。

### 2.2.3 容积式电热器

这是一种很有前途的供热水方式。由于燃油价格不稳定且存在涨价因素，而电的供应相对稳定，且实行了峰谷电价，两者价格相差45%～50%，而电热水器本身水温控制容易且电费设有时段控制，这对节省成本极为有利。

容积式电热水器占地面积少，还可以分楼层灵活设置组合，这有利于客房出租，在淡季时，可以关闭不出租的楼层，从而节省费用。这种热水器属无人值守型，维护保养简单，运行费用低，比用锅炉等提供热源的供热水系统节省费用20%～30%。适用于小型饭店，特别是别墅式、度假型饭店。

### 2.2.4 客房用水要求及热水温度控制

客房用水有四个要求，即用水卫生、温度合适、压力达标和出水时间。

供水系统尤其是热水系统出黄水造成水资源浪费现象时有发生，如客人在客房内洗脸或洗澡，出现黄水时总是想让水龙头多开一些时间，试想将黄水放完后再洗脸或洗澡，短则几分钟，长则几十分钟，造成很大的浪费，也不符合用水卫生要求。热水系统出黄水原因如下：一是供水系统采用镀锌管；二是系统中阀门生锈；三是热水包内生锈（质次）；四是管理方面存在问题（热水温度过高）。针对上述四个原因应采取相应的措施：供水系统采用铜管、不锈钢管、绿色管材等；采用防锈阀门；热水包内采用防锈材料；水温控制在合适的范围内。在实际运行中热水温度设得过高有以下不利之处：一是出黄水严重；二是加速设备老化；三是影响服务质量，水温超过70℃时，如果冷、热水系统水压不稳，容易烫伤客人。有时混水器冷、热水位置接错更容易发生事故。注意混水器冷、热水位置是有标准的，即右冷左热（使用者的方位）。

温度合适是指饭店热水温度应控制在45℃～58℃范围内，有些饭店热水温度设得过高，少数甚至超过70℃，这是应杜绝的，因为70℃是临界温度，若超过临界温度，水管容易腐蚀（生锈），镀锌管更是如此，所以降低热水温度是减少出黄水几率的有效途径，还能延长设备的使用寿命。

热水温度一般控制在上述设定的范围内，并根据季节、气候变化来调节，这样既能满足对客服务的需要，又能节能。

控制热水温度关键是选择好热水包的温控器，禁止用人工控制。实践证明斯派莎克导阀型隔膜式温控器（不用电源）性能可靠，维护方便，寿命长，适合饭店使用，见图2-8。

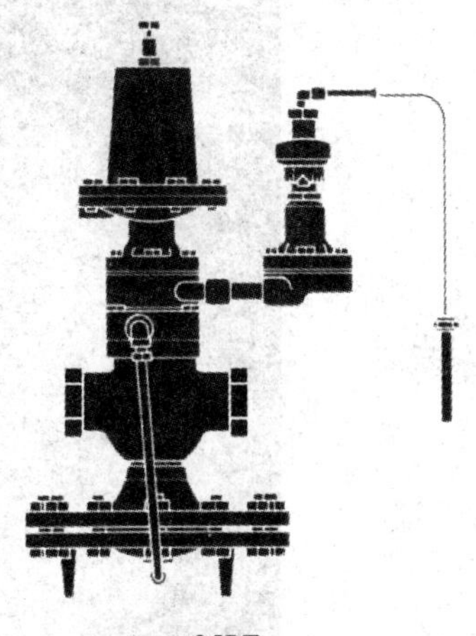

25PT

图2-8 热水温控器

压力达标是指水龙头冷热水出水压力在0.2～0.35MPa。水压达标后，客人淋浴（洗澡）时，可以很方便地调节水温，冲淋爽快、舒适，得到放松感受；反之则调节水龙头很麻烦，表现在旋转水龙头过于灵敏，稍调水龙头，水温就变化过大。出现这种现象不仅客人不满意，而且可能产生引例中所述的烫伤客人的严重事故；还会浪费水资源，因为客人淋浴前调节水龙头时，从水龙头流出的水对客人来说是无效的，对饭店来说是浪费的。

出水时间是指冬季客人开启水龙头，流出热水的时间。要求三星级饭店出水时间在15秒钟以内；四、五星级和白金五星级饭店在10秒钟以内。

现分析一下引例中因水龙头型号选择错误，导致客人严重烫伤的事件。很明显这家饭店水龙头选择的型号不对，如图2-9所示，当客人洗完澡后，顺时针方向旋转关闭右边的冷水，而客人再顺时针方向旋转左边的热水旋钮想关闭热水时，非但没有关闭热水，反而将热水开到最大。问题就在于这种水龙头“开”和“关”的旋钮是成180°相反方向排列的，左右开和关的方向正好相反。因此这种型号的龙头没有以人为本，属于淘汰产品。

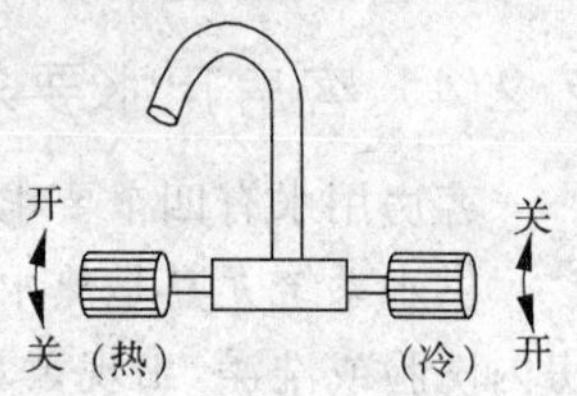

图 2-9 错误的水龙头

饭店用水龙头应选择操作简单、美观耐用的产品。有两种可选择，一种是整体式水龙头，如图2-10，使用时多一个往上抬的动作，目前多数饭店采用这种水龙头，手柄按国际惯例：“右冷左热”，往右扳出冷水，反之出热水；另一种型号是冷、热水旋钮单独左右分开的，也是“右冷左热”，左右旋钮开关旋向是相同的。

图 2-10 常用水龙头

## 2.3 排水系统

饭店内排水区域分散，按排水性质，可分为废水与污水两大类，对废水可进行中水处理后，进行再利用，如冲洗恭桶、PA 清洁、浇灌花木等；对污水进行适当处理后排入城市下水管网。饭店排水常采用双立管方式，即一根为排水管，另一根为通气管，两者并列走向，并间隔一定的距离，设置结合通气管，加强通气能力。

注意洗脸盆、浴缸（淋浴）、地漏等下水口的存水弯的设置作用，不要过分依赖于地漏上的水封作用，应规范排水系统专业设计与施工，不可忽视排水系统中通气管系的作用，否则存水弯、地漏的水封受到破坏，使排水管道或店外排水管中的臭气、有毒有害气体进入卫生间，污染客房空气环境，产生交叉感染，"非典"期间，中国香港淘大花园疫情传播就是出于这一原因。

## 2.4 中水回用

中水即污/废水经过二级以上处理后的出水，饭店应对排水分别排放处理，进行中水回用，这是必然趋势。

饭店生活污水包括：

(1) 灰水(graywater)，主要有洗澡水、盥洗水、洗涤水，这部分排量占污水 70%～80%；

(2) 黑水(blackwater)，主要有恭桶等排水，占污水排量 20%～30%；

(3) 中央空调排水。

对饭店来说较实际的做法是应对(1)、(3)排水处理后回用于冲厕、绿化、消防、洗车、PA 清洁等。饭店在设计排水系统时应安排水类别分设系统，如客房排水将恭桶与其他排水分设两个系统排放，分别处理。

水处理主要方法有：物理法，通过过滤、浮选、沉淀去除悬浮物；化学法，用氧化、中和、离子交换等手段；生物法，利用微生物的生化作用将有害有机物分解转化为无害物质，达到净化效果。适用于饭店的水处理设施一般有以下两种。

### 2.4.1 生化池

如图 2-11，系统组成及作用如下。

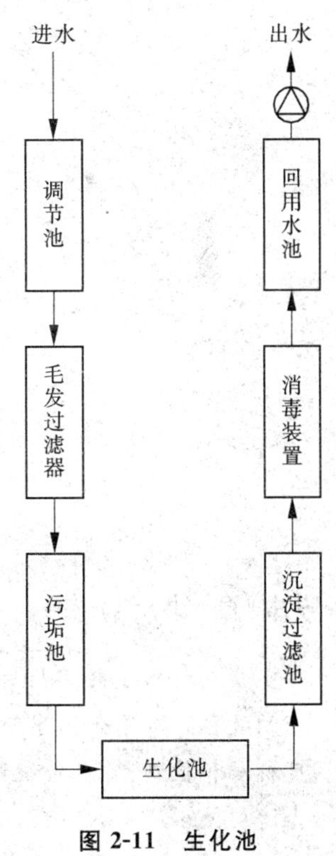


**图 2-11　生化池**

(1) 进水调节池：对需要处理的水进行回收及水量调节；

(2) 毛发过滤器：将水中毛发、粗大颗粒物进行过滤；

(3) 污垢池：对水中的污垢类沉淀物进行收集；

(4) 生化池：是水处理系统中的关键部件，通过其作用，对水中的COD、BOD等进行去除；

(5) 沉淀过滤池：去除生化池出水中的悬浮物，保证出水水质达到中水标准；

(6) 消毒器：通过消毒杀灭出水中的病毒和细菌，保证出水质量达到标准；

(7) 回水水池：储存处理后的中水待用。

### 2.4.2 膜生物反应法

膜生物反应法(MBR)将膜分离与生物技术有机结合，处理效果较好，并有设备占地面积小、运行管理方便等优点。

处理程序见图2-12，图中MBR的作用是高浓度的活性污泥层将污水中有机物进行有效的降解，并通过滤膜将固液分离，从而达到处理污水的目的。

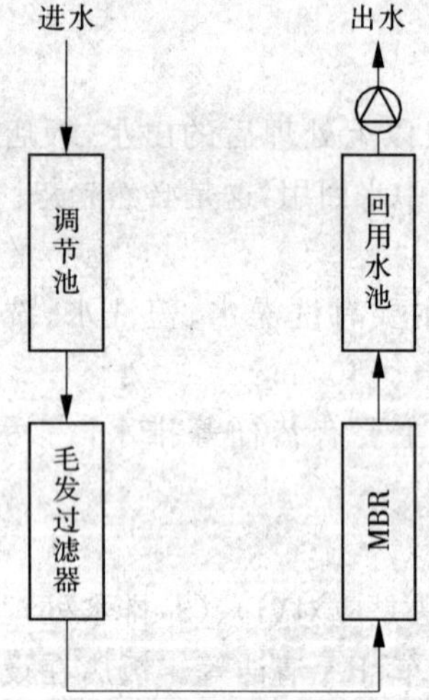


**图2-12 膜生物反应法**

**本章小结**

饭店给排水效果好坏不仅直接影响着对客服务质量，还关系到经营成本和饭店的效益。本章介绍了给排水方式、供热系统、客房用水的四个要求、客房热水温度标准和控制、排水系统和中水回用，还对引例进行了分析并提出整改措施。

## 思考与练习

### ■ 概念与知识

□ 主要概念

给水方式　饭店供热系统　客房用水要求及热水温度控制　排水系统　中水回用

□ 选择题

1. 供水系统应保持冷、热水压力一致，要求压力是(　　)。

A. 0.1 MPa　B. 0.2 MPa　C. 0.3 MPa　D. 0.2～0.35 MPa

2. 屋顶水箱供水方式存在主要问题是(　　)。

A. 各用水点水温过高　B. 各楼层水压忽高忽低

C. 各楼层供水量严重不足　D. 靠近水箱的三个楼层水压达不到要求

3. 饭店热水温度应控制在(　　)。

A. 45℃～58℃　B. 35℃～48℃

C. 25℃～38℃　D. 55℃～68℃

4. 饭店热水所用热交换器交换形式有(　　)。

A. 水—水　B. 汽—水和水—水

C. 汽—汽　D. 汽—水—汽

□ 简答题

1. 饭店给水方式有几种？

2. 引例中将客人严重烫伤事故的教训是什么？

3. 如何控制热水温度？

4. 中水回用有何意义？

### ■ 分析与应用

□ 分析题

1. 试分析中水回用有何意义。

2. 分析客房用水出黄水的原因。

3. 分析图2-5中CB锅炉分区供水的作用。

□ 应用题

1. 参观三星级以上饭店客房洗手间给排水设施，知道管道井内管路种类及用途。

2. 宏盛大酒店为三星级标准，楼高20层，规模400间/套。客房供水存在的主要问题有：①20、19、18三个楼层客房用水压力不够；②冬季早上混水器放十几分钟才有热水。根据存在的问题，试分析产生问题的原因并提出供水系统整改方案。

**选择题参考答案**

1. D　2. D　3. A　4. B

# 第3章

# 饭店电气系统

**学习目标** 》

本章学习饭店电气方面的内容,主要有:供配电系统;电源插座设置要求,特别是客房内供客人使用的电源插座,如写字台插座;照明色调和照度要求,重点是大堂、餐厅和客房照明;弱电系统;电梯。

**知识要点** 》

了解饭店供电形式;知道高、低压电气设备组成;知道电源插座设置要求;掌握饭店前后台区域灯光色调和照度选择方法,知道大堂、餐厅和包厢、客房照明注意事项;了解弱电系统组成和作用,知道虚拟交换机技术;了解电梯。

**技能要求** 》

掌握实际工作中,客房内客用电源插座应方便客人,如电源和IT插座的位置最好设在位于写字台桌面之上100mm处;掌握前台区域照明色调要能营造饭店氛围,注意使用技巧;掌握电梯困人时的放人程序。

引例

## 客用设施以人为本

不少饭店的客用设施以人为本方面做得比较欠缺，比如洗手间内化妆镜的设计——当客人洗完澡后，需要照镜子时，恰恰见到的是“雾蒙蒙”一片，客人没能乘机看看自己的身体怎么样(胖了，还是瘦了)，这是一个缺憾。为了体现以人为本、以客人为中心的服务理念，洗手间内化妆镜可以做到无雾。其实做起来也不难，我们知道，镜子起雾，是因为镜子表面的玻璃温度比雾气的温度低，所以表面结雾了。当客人洗澡时，只要给玻璃镜子加温就不会结雾。实际操作时，只要在镜子背面埋上电加热丝就可以了。加热开关是自动的，当客人进入淋浴房或浴缸时，感应控制装置自动接通电路加热，当客人离开淋浴房或浴缸时，电路延长一些时间，让客人化妆。防雾镜如图3-1所示，图中椭圆形部分为无雾区，也有整个镜子都是无雾的。

**图3-1 防雾镜**

饭店电气系统包括强电与弱电两部分。强电系统主要有供、配电、动力、照明等；弱电系统主要有综合布线、IT、通讯、电视、广播等。

## 3.1 供配电

为了保证饭店供电正常，常采用两路供电(来自不同的供电所)和自备电源型式。变压器多选用干式变压器或油浸式变压器，前者使用趋广。用电负荷根据各饭店情况不同，在 80～120W/m² 之间。自备电源采用柴油发电机组，负荷量为变压器容量的 10%～15%，在两路供电都停止时，作为应急之用，诸如用于消防设施、消防电梯、电脑系统、应急照明等。

供配电气设备工作应性能可靠，故障率低。高压电气设备主要有：高压开关柜、高压熔断器、高压隔断开关、高压负荷开关、高压断路器、互感器等；低压电气设备主要有：低压配电屏、低压闸刀开关、自动空气开关、漏电保护开关、低压熔断器等。

## 3.2 电源插座设置要求

饭店前台区域设置电源插座给服务设施设备提供电源。考虑到前台区域装修效果的美观及安全需要，电源插座数量及位置有一定的要求。

### 3.2.1 大堂插座要求

大堂内电源插座设置根据用电设备设施来定。总台附近插座相对集中，设置在总台下面的插座位置离地面高一些，避免多根插头线拖地或缠绕在一起，保证做清洁卫生时不易碰及电源线。大堂副理、休息区、电话、信息触摸电脑等应根据功能布局的位置，在其附近设墙插或地插，避免电线过长或外露明显。PA 用电插座不宜设置在视线明显处，如大堂正门两侧、客梯厅内、立柱上等，大堂插座数量应控制，间隔 10～15m 设一个。

### 3.2.2 客房插座要求

客房的电源控制箱(空气开关)一般设在衣橱内，与橱内壁平，必要时以装饰物遮盖，控制箱放在衣橱内方便操作，忌将其放在吊顶上。

每个客房用电负荷按 2～3kW 配置，对负荷大的插座和电线应考虑容量，如电烧水壶、电熨斗等。客房内有些插座位置考虑到客人方便，应高一些，写字台附近的插座，如手机充电、传真机、电脑(含电源、信号)等插座位置高于写字台 100～150mm，注意如果是双床间，手机充电插座应设两个，见图 3-2。其他位置的插座不宜设在有家具遮挡之处，否则给客人带来操作不便，饭店维修也不方便。应避免将插座设在窗帘一侧墙上，如落地灯插座。出于对客服务需要，卫生间除了设剃须刀充电插座外，在浴缸(淋浴)、恭桶附近也设有防水插座，用于 LCD、等离子电视。客房走廊上设置一些插座供 PA 用，注意客梯厅内不设插座，客房走廊上设置插座的间隔为 10～15m，楼层服务间除用电设备专用插座外，还应设 1～2 个插座，以便测试设备，如电吹风、吸尘器等。

图 3-2 写字台插座

### 3.2.3 其他插座要求

饭店正门雨篷左右两侧应设有防雨水插座，用于广场庆典、PA 清洁之用，此外沿建筑物或院墙适当位置设若干个防雨水插座，用于维修、PA 清洁。后台区插座设置应符合实际需求，如在厨房、洗衣场、机房、库房、服务通道等设置插座以方便使用，便于上述区域清洁卫生。厨房内用于生产设备的插座数量应适当增加。

## 3.3 照明

### 3.3.1 照明色调

冷暖色调本身没有优劣之分，但饭店前后台环境要求不同，应合理地选择色调。一般来说饭店的大堂、餐厅、客房、游泳馆等前台区域灯光宜采用暖色调营造氛围，给客人以亲切、温馨之感，使客人感受到尊重，从而提升饭店档次。暖色调光源主要有：自然光、白炽(磨砂)灯、节能灯(暖色调)。冷色调有提神作用，常用在健身房、台球室、保龄球馆、乒乓球室、沙弧球馆、会议室、写字楼、后台区域等。冷色调光源有：日光灯、节能灯(冷色调)。某个区域(空间)灯光色调选择根据饭店主、辅色调要求来定，但有一个原则，在同一空间选用一种色调，应协调，忌冷暖交叉同时存在，从而影响了灯光照明的效果。

### 3.3.2 大堂照明

大堂内由于空间大，在色调确定后，部分采用局部目标照明来强化主题，如大堂内文化主题(镇店之宝)可采用射灯。在选用水晶灯时要慎重，除了装饰之外，还要考虑安全、更换灯泡、清洁问题。大堂内墙壁上世界钟、总台附近外汇牌价显示，慎用红色等与大堂主色调不协调的颜色。与大堂通透隔断的区域，如小商场、商务中心内灯光色调也应与大堂色调一致，否则这些区域不协调灯光会影响整个大堂氛围。

注意室外亮化色调应与大堂内色调一致，大堂雨篷下筒灯与大堂相同，建筑外墙亮化、广场灯、花坛灯色调都应与大堂灯光色调一致，形成整体的艺术效果。

### 3.3.3 照度

色调问题解决了还不够，还须注意灯光的照度。饭店内各区域或同一区域不同功能灯光照度有差别。见表3-1。

**表3-1 饭店各区域照度**

| 区域名称 | 照度/lx | 备注 |
|---|---|---|
| 大门前雨篷 | 150～200 | 暖色调 |
| 大堂 | 150～200 | 暖色调 |
| 总台 | 250～300 | 局部照明 |
| 中餐厅 | 250～300 | 暖色调 |
| 餐厅包厢 | 200～250 | 垂直目的照明 |
| 宴会厅 | 250～300 | 暖色调 |
| 多功能厅 | 250～300 | 色调一致 |
| 西餐厅 | 100～150 | 色调一致 |
| 客房 | 100～150 | 色调一致 |
| 写字台 | 150～200 | 与客房色调一致 |
| 洗手间 | 150～200 | 暖色调 |
| 写字间 | 250～300 | 色调一致 |
| 服务通道 | 100～150 | 色调一致 |

### 3.3.4 餐厅照明

根据餐厅名称、服务定位、面积、装修风格，选择合适的色调、照度及灯的造型。注意艺术造型灯色样与本空间协调，还须注意尺寸搭配，对中餐厅、包厢等应根据餐桌位置进行主灯光（吊灯）目的照明。餐厅灯光色调宜选用暖色调，对于间接照明灯带的色调也应用暖色调。

餐厅内灯光控制也有采用电脑自动控制照度的，根据日光强度，自动调节餐厅内灯光照度，保证客人就餐氛围及节能。餐厅包厢内灯光照度可以调节，灯的开关控制设在门口附近，此外应根据餐厅面积大小，设1～2个回路与备用电源相接，供紧急时照明。

### 3.3.5 客房照明

客房内照明以功能区、方便客人为目的。设计客房照明注意事项归纳如下：

(1) 淡化床头柜上灯光开关集中控制，忌用集中式触摸开关，如图 3-3，改为就近设置开关；床头控制开关数量尽量少，开关用大按钮型式的，如图 3-4。

图 3-3　集中式触摸开关

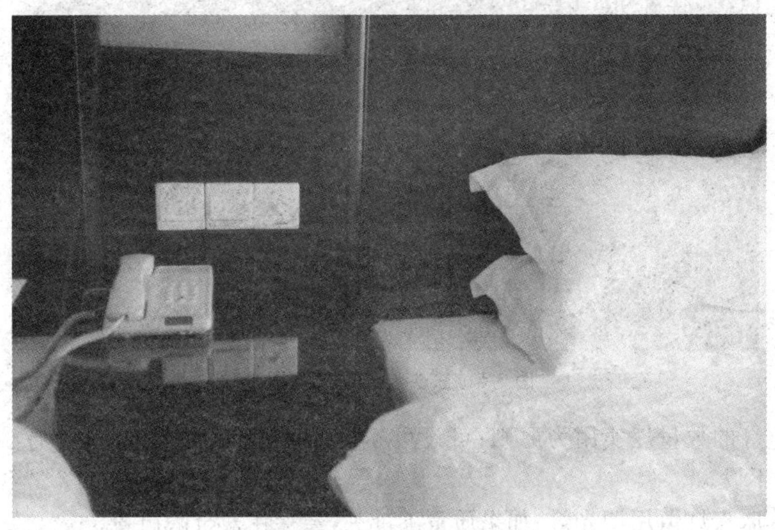

图 3-4　大按钮开关

(2) 床头灯不一定设在墙上，如图 3-5，因为有时卫生间排风不畅或有噪音，客人将床头灯当"烘干机"用，带来安全隐患及污染灯罩；可将其放在天花板上，还可以与喷淋头接合起来做装潢，如图 3-6。

图 3-5　床头灯

图 3-6　床头灯设在天花板上

(3) 灯的数量以实用为原则;可设可不设的就不设,如落地灯,确有必要就设置,否则不设。

(4) 床头灯慎用调光灯;如果质量不过关,会存在安全隐患。

(5) 客房内无直接光。

(6) 床头(墙上)设照明总控制开关,不控制夜灯。

(7) 取电牌(节能开关)不控制冰箱、空调、充电、传真机等插座。

(8) 镜前灯、壁灯等尽可能用 220V 灯泡。

(9)“请勿打扰”不用显示式的,而用挂牌式的。

(10) 衣橱内灯如果开关控制不灵,不设灯。

(11) 卫生间灯光色调与客房一致,可用左右壁灯代替天花板上的日光灯;用暖色调,使上过口红、化过妆的客人面容更美。

(12) 卫生间内分区照明:化妆区(镜前灯)、湿区(浴缸或淋浴)、辅助阅读区(恭桶),如图3-7,如果是卫生间面积大于$6m^2$的高星级饭店,可在卫生间入口处再设一盏灯。

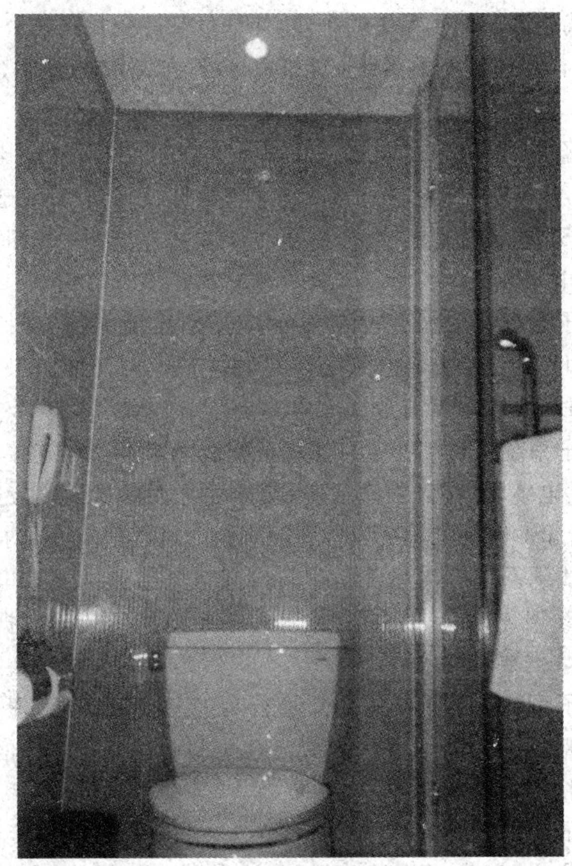

**图3-7　辅助阅读区照明**

(13) 如果用节能灯,注意两点,一是用暖色调;二是灯“腿”不要伸出灯筒(缩进,15～20mm)。

(14) 客房内廊灯与备用电源相接。

(15) 必要时,在床头柜附近放一个手电筒。

(16) 客房内烟感头上红色显示,除受感(接受到烟雾)时以外,不要用脉冲显示。

## 3.4 弱电系统

### 3.4.1 综合布线

随着科技的发展,5A 智能控制在饭店建设中得到应用,5A 技术离不开综合布线(PDS)。综合布线是整个信息系统的物理基础,如果说信息系统是智能建筑的灵魂,布线系统就相当于信息系统的神经,使信息流运行在高速公路上。综合布线系统属拓扑结构,常用五个子系统(建筑群子系统仅用于每座建筑物之间布线系统)。

为了保证综合布线系统的先进性、可靠性、实用性和高性价比,一般采用五类非屏蔽布线系统,这样灵活地支持话音、高速率数据、图像及其动态视频传输,可以满足 10Mb/s、125Mb/s 的要求,数据垂直主干线采用光纤;语音垂直主干线采用三类大对数双绞电缆。

(1) 工作区子系统。由水平的信息插座/连接器端部延伸到工作区终端的工作区电缆构成,用户通过信息插座可以灵活地实现上网功能。工作区电缆数据采用超五类配置跳线,全兼容所有数据应用。

(2) 水平区子系统。从工作信息插座至配线间水平交叉连接线的布线所组成的部分,包括水平电缆、工作区信息插座、接插件等。信息插座应全部采用超五类信息插座,并符合 ISDN 标准,以满足话音和低、高速数据传输要求。

(3) 垂直干线子系统。本系统是建筑内部信息传递的主馈电缆,它把各个楼层配线架与主配线架连接起来。常用六芯多模室内光纤传输数据,满足高速网络及多媒体等千兆数据要求。

(4) 管理区子系统。本系统是用户进行功能变换、线路管理及该管理区用户进行内部联网和对外通信的地方。该系统通过水平电缆与端口信息插座相连,也可通过垂直主干线与设备间相连。

(5) 设备间子系统。设备(主配线)间为安装电信设备、连接件、连接设备、保护装置提供了一个空间。该系统主要包括:综合布线主配线间、计算机网络主要设备(主交换机、路由器、服务器等)、语音主要设备等。

### 3.4.2 音响广播系统

本系统平时提供公共区域的背景音乐,紧急情况时,进行报警广播。广播系统分成若干个区域进行控制,可对不同区域的背景音乐进行选择播放或对音量进行控制;在紧急情况时,由饭店(或预编程序控制)决定发布广播的区域。

系统由四部分组成:节目源设备、信号放大和处理设备、传输线路和扬声器系

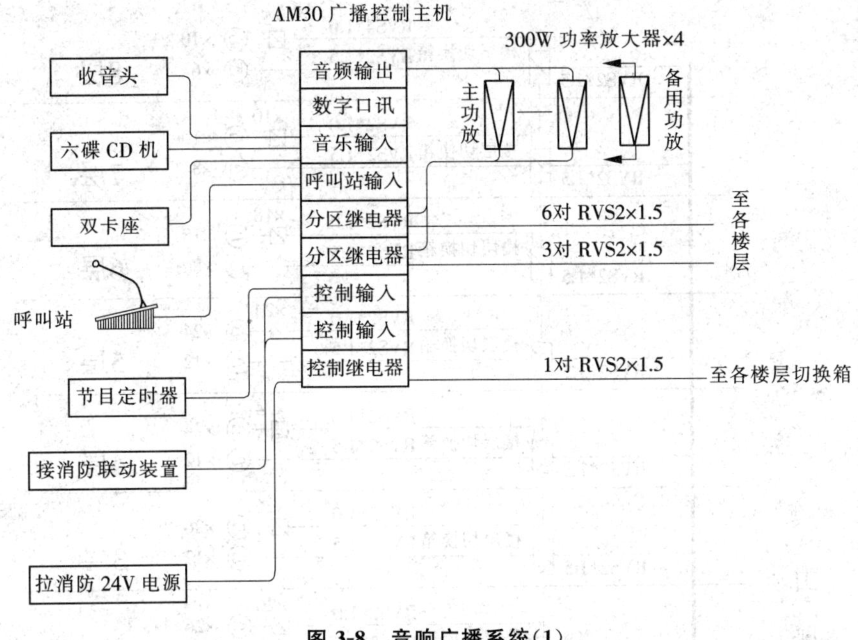


**图3-8 音响广播系统(1)**

统。系统配置如图3-8和图3-9所示。

饭店广播系统有两类型式:音频传输和载波传输。前者使用较多,其中音频传输又分定压式和终端带功放式,两者各有特点,根据实际情况选择。随着科技的发展及饭店管理要求,音响广播系统应具备如下功能:

(1) 播放背景音乐。播放音乐、新闻,通过设置对指定区域进行选择播放。

(2) 人工广播。通过呼叫站进行通知、广播讲话等。

(3) 自动广播。自动广播分为定时广播和紧急广播。

(4) 定时广播。利用定时系统可进行整点报时、定时播放背景音乐或预先录制在系统内部的语音广播。

(5) 紧急广播。利用消防控制室发出的联动信号,自动触发语音模块和分区模块,使分区模块系统开启相应的区域,激活并调用预先录制在语音模块中的火灾报警信号,并用中、英文两种语言进行自动循环广播,直到值班人员通过紧急呼叫站对报警分区进行人工疏散广播(N、N+1、N-1层),引导客人安全撤离火灾分区。

(6) 故障功放检测、显示、切换。系统能够不间断地对主机设备、功率放大器等自动进行检测,并能显示故障点,对值班人员进行故障警告。

(7) 监听。在机房内可随意选择听取某一区域广播内容、音量,以便及时调整。

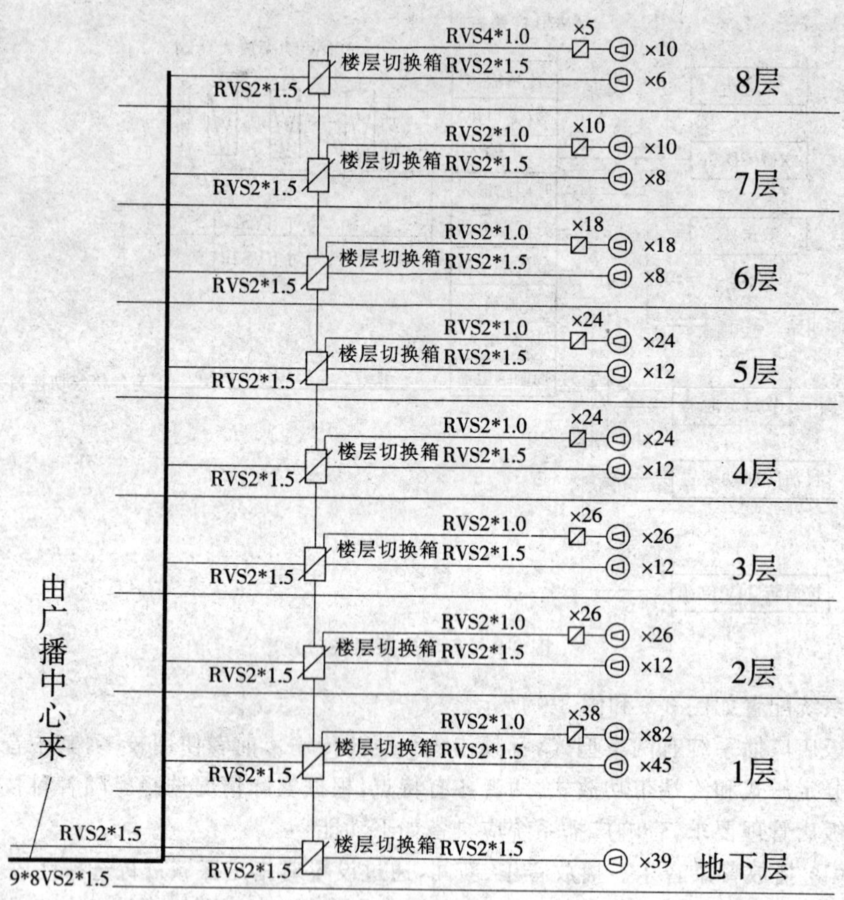


**图 3-9　音响广播系统(2)**

### 3.4.3　通讯系统

饭店通讯分有线通讯和无线通讯,前者尤为重要。

1. 有线通讯

现在常用数字程控交换机,其容量取客房间数的 2～3 倍,商务型饭店取上限。中继线数量为程控交换机总容量的 10%～15%。饭店各区域电话插口设置应合理布局,充分考虑对客服务与管理需要,如餐厅包厢、迎宾台应设电话插口;客房卫生间内电话分机位置不一定设在恭桶附近或面对卫生间门,分机处可以减少一根多余的连线,直接将电话机盖在接线处(没有必要再设一个插座,再用接线与电话机相连,这样做既不美观,又不方便做卫生)。另一种做法是卫生间不设电话分机。在饭店后台区域,如机房、仓库等也应设电话或插口,以方便管理。

随着通讯科技的进步及饭店对客服务与管理要求,数字程控交换机应具备如下功能。

(1) 全分散光纤分式模块化系统结构。这一功能使通讯系统具有高可靠性及最小的维护工作量。光纤数字程控交换机的控制模块与外围模块之间没有任何电缆连接而只有一对绝缘的光缆连接。无论哪个外围模块发生多么严重的故障都不会波及交换机控制系统和其他外围模块工作,大大减少了交换机全部瘫痪的可能性,从而使系统可靠性增加。

(2) 全分散光纤分布式模块化结构。由控制模块、外围模块、数字业务模块、应用网络模块、ISDN 模块组成。系统控制模块与其他每个模块之间采用一对绝缘的光纤进行信息交换。当需要扩容时,只需要将光纤与增加的外围机柜连接即可,做到不停机扩容和无级扩容,扩容量从 200 门至 4 000 门,这对饭店今后投资改造极为有利,可节省资金。

(3) 光纤总线技术。内部各模块之间的光纤总线链路提供 40MHz 的宽带和 20Mb/s 的通信速率,保证高速可靠的宽带数据传输,为综合业务数字网、语言数据、图文信息交换提供条件。

(4) 组网功能和网络功能全透明。具有多种模拟中继和 PCM 数字中继接口,还可以采用数字公共信息方式组网,从而实现网络功能全透明。

(5) OPS 智能网络管理系统。交换网络实现硬件设备的真正分散和控制管理操作的高度集中。OPS 智能网络管理中心能储存大量电话号码,将饭店按前台、客房、后台等进行分类管理;自动对网络内部电话号码进行统一编号或更新,还可以进行远程管理。

(6) 计算机电话集成(CTI)。通过计算机局域网与电话网交互控制,应用相关的软件,将电话交换机系统中的电话号码与计算机局域网中数据库之间灵活地设置对应关系,使与通讯有关的处理速度更快、效率更高。

(7) 模块化软件结构。程控交换机的系统软件采用模块化设计,多样化接口支持从单线电话到个人电话等多种外围设备。

(8) 良好的兼容性和功能扩展性。具有对前代产品的兼容性和一致性,并为未来宽带骨干网的发展建立系统平台,保证语音数据图像信箱的高速传输与综合处理。

程控交换机软件功能如下:

① 电话功能

灵活编号方案。在 7 位号码内灵活编号,允许冲突编号。

显示信息。显示、变更客房信息或输入新的客房信息,如客房占用状态、客房可用状态、客人姓名、自动叫醒、客房分机号码、呼叫闭锁、呼叫限制等。

客房登记和退房。利用登记入住(CHECK IN)和结账(CHECK OUT)键来完成客房登记和退房,这时客房分机的呼叫闭锁和呼叫限制等参数将重置成标准参数。

改变客房状态。客房占用状态包括占用、空闲及预订三种;客房可用状态包括清洁、不清洁、服务员在客房中、待检查、不能服务五种。如果系统配置了 PMS 功能,还可附加四种客房占用/可用状态:占用/清洁、占用/不清洁、空闲/清洁、空闲/不清洁。客房状态可由饭店服务员从总机或客房分机上进行修改或设定,系统每天可定时或实时打印客房状态报告。

客房查询。在总机上输入相应命令或使用功能软键可根据客房状态参数对客房的可服务性进行查询。

请勿打扰。可由话务员或客房分机设置/取消免打扰功能,设置免打扰功能的分机对来话示忙,但总机可强行插入并振铃;自动叫醒功能不受免打扰限制。

② 管理功能

饭店 PMS 功能。饭店服务人员可设置或修改客房及客人相关信息,对客人入住/离店情况、客人个人资料、客房状态、客人的住房及在饭店消费记账和内部行政、财务等进行管理。

电话号码簿。客人入住登记时,其客房分机号同客人姓名一起被存储在系统数据库中,总机可以通过可视终端进行查询。客人进行内部呼叫时,其姓名可出现在对方可视终端上,饭店服务员接通客人电话时,可称呼客人姓名,为个性化服务提供条件。

呼叫限制等级。对出中继呼叫进行级别限制(国际、国内长途、市话),可通过总机或维护终端对客房分机呼叫限制等级进行修改或设置。

计费信息。通过计费系统可在每天特定时间自动输出打印,客人退房后将清除上述计费信息。

打印资料。实时或定时打印相关报告,如客房状态报告、叫醒报告、客房监视报告、计费信息报告等。

呼叫闭锁。客房之间的直接呼叫可根据需要闭锁,以避免错误呼叫或其他情况对客人的干扰。置于呼叫闭锁状态的客房分机呼叫将被接至总机,各客房分机之间的呼叫可通过总机完成转接。

Morning Call(自动叫醒)。自动叫醒功能可在总机或客房分机上设定。系统对于每次设定的叫醒(自动、人工)产生叫醒报告,并可打印作为叫醒凭证。

语音信箱。提供公共和个人信箱,支持多种语言。

留言信息中心。有留言的分机会自动点亮留言灯,及时通知客人提取留言,如果设有可视终端,可通过 LCD 显示留言。

套房功能。饭店套房内的几部电话(如 6 部)可以共用一个套房号码,可以实现对套房分机统一的入住登记和退房、叫醒、改变客房状态、请勿打扰、呼叫闭锁、语言信箱留言和提示,并产生一个话费账单。

2. 虚拟交换机

传统的程控电话交换机是成熟的技术，随着人们信息交流的需要，它的服务功能在不断扩展，但其本质没有变，即以有形的物质形态存在。饭店行业从使用程控交换机时代开始，仅对其型号、门数进行选择，很多饭店还继续使用这种传统通讯方式。随着IT技术发展，饭店完全可以淘汰传统程控交换机，使用虚拟交换机技术。

虚拟交换机是在市话交换机上将部分用户划分为一个基本用户群，称为Centrex，并为这些用户提供虚拟用户交换机的功能。用户无需购买程控交换机，但其有着传统交换机的服务功能，还具有一些特有的电信网络中的新功能，并享有良好的通信服务。虚拟用户交换机与传统的用户交换机相比有以下特点：①虚拟用户交换机初次投资省；②无需专用机房，减去装潢、空调投资；③可以不配话务员和维修人员；④虚拟用户使用的是电信线路传送的电源，可避免停电而引起的通信中断；⑤通信速度快；⑥可使用公用通信网上服务功能；⑦享受国内长途电话夜间、法定节假日、休息日分时段优惠及国际电话分时数据计费优惠办法；⑧对用户进行半限制或全限制，控制话费；⑨虚拟用户交换机可随着公用网逐步实现综合化、宽带化、智能化、个人化的进展与公用网同时享用世界通信科技的新成果，更能吸引高层次客户来饭店消费。

虚拟用户交换机经饭店同行实际应用证明是成功的，如江苏天目湖宾馆（五星级）已使用多年，效果良好。

3. 无线通讯

无线通讯，应解决两个方面问题，一是为客人手机在饭店各区域通讯提供保障，减少或消灭盲区，如电梯轿厢内、地下室等；二是满足内部管理中联系工作的需要。前者可与当地移动运营商协调，由其在饭店增设装置来解决。内部联络由几种形式，如无线集团电话系统、内部无线寻呼系统、社会寻呼台、手机、对讲机等，比较实用的是内部无线寻呼系统，性能可靠，运转费用低。

### 3.4.4 有线电视系统

饭店电视常用有线电视（CATV）模式，节目源于当地有线电视网、卫星电视、自办节目、VOD等。卫星电视系统由室外和室内两部分组成。室外由抛物面天线、高频头、电缆等组成。注意抛物面天线位置选择应考虑到饭店建筑外立面美观，必要时做一些装饰性遮挡。室内由机房设备和网络器材组成，机房设备有：机柜、接收机、制转器、调制器、混合器、放大器、控制台、字幕机、编辑机、切换器、电视幕墙等；网络设备有：电缆、放大器、分配器、分支器、用户盒等。有线电视系统如图3-10所示。

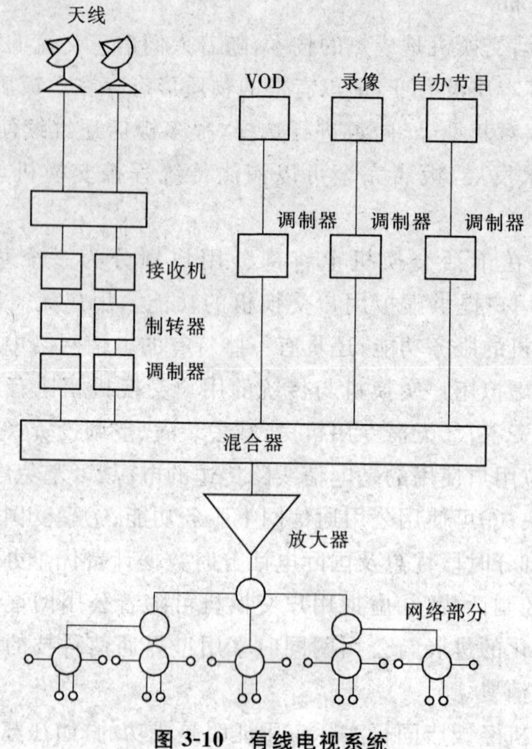


**图 3-10　有线电视系统**

饭店客房内设有 VOD 点播系统，一方面满足客人的需求，另一方面为饭店增加营业收入。饭店 VOD 主要功能有：①随时点播：客人通过遥控器对电视屏幕上显示的节目菜单进行点播；②循环播放：按已设定的节目进行全天候连续循环播放；③信息查询：查询在饭店消费账单、民航、列车时刻表、当地风景、名胜古迹、风土人情等；④自办节目：如电视开机能出现欢迎屏"AA 饭店欢迎您！"，以及饭店服务产品介绍、商务信息、饭店形象宣传等。

VOD 点播系统由管理软件进行管理与计费，主要功能有：VOD 功能开/关、特权开/关、计费统计（日、月、年明细及总账等）、电视留言、费用打折等。

VOD 实施有几种形式：一是用现有有线电视网传输视频节目，用电话线回传点播指令，在电视机附近增加一个"机顶盒"，此方案适合已开业的饭店，投资省，施工简单，比较实用；二是改造现有的有线电视网络，将其单向网改为双向网，增设 DVB 数字机顶盒，此方案不足之处是双向数据传输时，上、下行干扰较大，不稳定，且投资大；三是新建计算机局域网，布置网线，且在客房终端配置计算机，不足之处是投资大，工期长，用户界面不理想；四是新建饭店，与 CATV 系统一起设计，特点是投资省、施工容易、效果好，如图 3-11 所示。

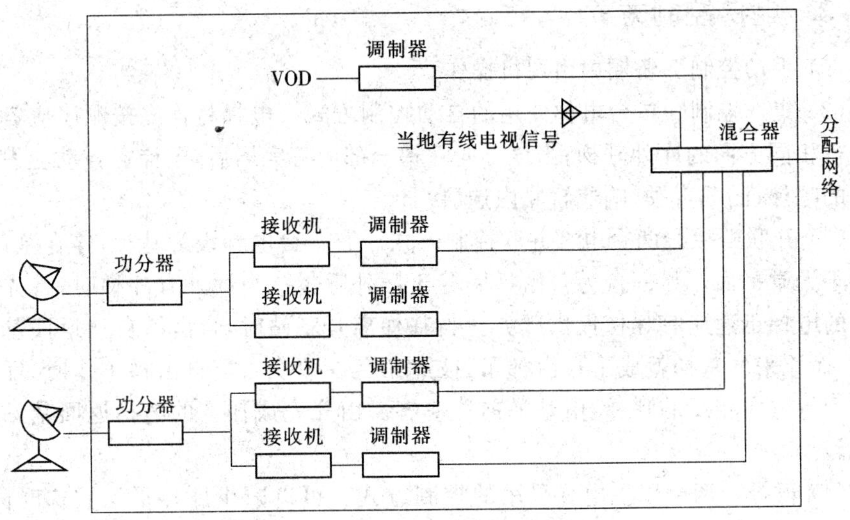


图 3-11 VOD 点播系统

## 3.5 饭店电梯

饭店垂直交通由电梯和步行梯承担,以下主要讨论与电梯有关的内容。饭店电梯的设置主要考虑对客服务要求,一般设客用电梯与服务梯,两者门厅分开设置,分别属于前后台,并不发生交叉。

### 3.5.1 电梯按用途分类

(1) 客梯;

(2) 服务梯;

(3) 货梯;

(4) 消防梯;

(5) 行李梯;

(6) 观光梯。

### 3.5.2 电梯速度类型

(1) 低速电梯:运行速度 $v<1m/s$,货梯运行速度;

(2) 快速电梯:运行速度 $1m/s\leqslant v<2.0m/s$,多层建筑使用;

(3) 高速电梯:运行速度 $2.0m/s\leqslant v<4.0m/s$,高层建筑使用;

(4) 超高速电梯:运行速度 $v\geqslant 4.0m/s$,超高层建筑使用。

### 3.5.3 电梯控制方式

(1) 手动控制。轿厢内由司机操作。

(2) 集选控制。单台电梯使用的自动控制方式。电梯将优先按顺序应答与轿厢运行相同方向的厅外呼梯；当该方向呼梯全部应答完毕后，电梯会自动应答相反方向的呼梯；满载直驶(响应轿厢内选层)。

(3) 并联群控。两台电梯并联控制方式。有一台电梯设为基梯，停在基站，一般位于大堂平面。另一台为自由梯服务于厅外呼梯。当厅外有呼梯时，首先能够服务的电梯迅速应答呼梯提供服务。当基梯离开基站时，自由梯自动返回基站为基梯，而原来的基梯就成了自由梯了，彼此角色在改变。当自由梯工作时，厅外有与其运行方向相反的呼梯，由基梯前往应答。由先完成任务的电梯返回基站充当基梯。

(4) 群控。两台以上电梯采用的控制方式。可以减少厅外平均候梯时间，控制系统能够根据客流量变化，产生动态的适应运行程序满足客流量服务要求。

(5) 群控＋电脑集选控制。多部电梯(四台以上)采用的控制方式。在群控的基础上，由电脑计算采取多种形式进行综合控制，例如，单、双层控制，高、低峰时间控制，特别楼层(封闭某些楼层)专用服务控制等。

### 3.5.4 电梯拖动方式

(1) 直流电梯。有两种模式，早期的直流发电机—直流电动机驱动方式已被淘汰。交流—整流—直流拖动是未来发展方向。

(2) 交流双速电梯。使用交流双速电动机。电机本身没有快速、慢速绕组，启动时用快速绕组降压启动，到站平层时由快速绕组切换到慢速绕组限流限速制动，平层精度靠制动器的闸皮松紧来控制。

(3) 交流调压调速电梯(ACVV)。采用交流双速电动机，启动时用快速绕组，与交流双速电机一样。到站平层时切断快速绕组，利用给慢速绕组加直流电，将编码器反馈来的信息与直流采样信息进行比较，用不断调节直流电压来控制制动力的大小。这种拖动方式逐渐被下述拖动方式代替。

(4) 交流变压变频调速电梯(VVVF)。这是现在主流拖动方式。采用交流单速电机，调节电机供电频率、电压，从而达到调速目的。该控制系统采用高新技术，使平层精度达到毫米级，轿厢内舒适感较好。

(5) 液压电梯，依靠油压驱动电梯升降。

### 3.5.5 电梯选用要求

(1) 电梯数量估算

饭店电梯(客梯、服务梯)数量按下式估算出来后，再根据本饭店实际情况进行修正。

$$N=客房数/70+2 \tag{4-1}$$

式中：N 为电梯数量(台)；客房数/70 为客梯数量，每 70 间客房设置 1 台电梯；2 为服务梯数量。

(2) 电梯轿厢额定载重量

$$S=350\text{kg/m}^2$$

(3) 轿厢载客人数

每人按体重 75kg 计算，则：

$$最多载客人数=额定载重量/75\quad(取整数) \tag{4-2}$$

## 3.5.6 电梯轿厢装修要求

电梯轿厢内(客梯)设有下列功能：两侧选层按钮(方便残疾人操作)、应急照明、对讲电话、扶手、通风装置、饭店主要服务项目介绍(可选)。轿厢内装修不宜复杂化，三个立面不宜选用镜子或高光材料；灯光色调以暖色调为主，照度大于 100lx；地面选用硬地面装饰，一般用拼花的花岗岩石材装饰，不用大理石。

服务梯轿厢内装饰要与客梯有所区别，只进行简单实用装修即可，但安全、灯光要求等同客梯。

## 3.5.7 电梯保养维修方法

电梯属机电综合系统，并具有专业技术垄断的特点，这使饭店对其进行保养维修受到一定的限制，如有时找到故障点，但手头无配件，还是“望梯兴叹”，给客人或员工带来安全隐患。为了保证电梯安全运行，同时节省人力资源及运行费用，建议电梯采用合用的形式由专业公司来进行保养维修，饭店派专人协助专业公司工作。日常进行清洁卫生，每天检查电梯工作状况，发现问题及时与专业公司沟通，将故障消灭在萌芽状态。饭店需要做到当有人困梯时，在 15 分钟内放人。饭店应对指定人员进行培训，除了进行模拟放人演练，还需进行实战放人操作，做到熟练掌握放人程序。

## 3.5.8 电梯困人放人程序

电梯困人的解救方法分有电与停电两种情况。

### 1. 有电情况下放人步骤

(1) 电梯一旦困人，应由饭店电梯工进行解救，且动作迅速，同时电话通知乘客等待解救。

(2) 先检查监视板，看电梯停在哪一层，并与厢中乘客保持对话，请对方稍候。

(3) 到上一层，打开厅门，设法登上轿厢顶，关闭机顶开关，运行开关置于手动(慢车位置)。

(4) 判断轿厢是否与楼层差不多相平,如距离不大,可在厢顶盘动开门电机,打开轿厢门放人。

(5) 如果电梯困在两层中间,应恢复门开关,在机顶操作,让电梯慢行,直到平层,再重复上述操作放人。

### 2. 停电情况下放人步骤(盘动电梯放人)

(1) 盘动前,必须先通知被困客人等待解救。

(2) 盘动前,切断电源。

(3) 用专用工具,一张一弛地将抱闸一松一停,使电梯上行或下行,观察平层标示线,平层后,用有电情况下放人步骤操作放人。

## 本章小结

本章主要介绍了饭店供电形式,高、低压电气设备组成,电源插座设置要求,饭店前后台区域灯光色调和照度选择方法,饭店的大堂、餐厅和包厢、客房照明注意事项,以及弱电系统的组成和作用;着重理解在实际工作中,电源插座和照明的应用,能够将所学知识用于实际中,对不合理的客用设施能够提出自己合理的整改建议,如写字台的插座位置;虚拟交换机技术;掌握电梯困人放人程序等。

## 思考与练习

■ **概念与知识**

□ 主要概念

供电型式　高、低压电气设备组成　电源插座　照明的色调和照度　弱电系统　电梯困人

□ 选择题

1. 客房走廊上插座的间隔为(　　)。

A. 5～8m　　B. 9～12m

C. 10～15m　　D. 16～25m

2. 客房灯光照度应在

A. 80～90lx　　B. 100～150lx

C. 200～250lx　　D. 300～350lx

3. 饭店可用节能灯来照明,但应处理好以下问题中的(　　)。

A. 色调和灯与灯筒的匹配　　B. 照度

C. 色调　　　　　　　　D. 灯筒

4. 客房卫生间内照明应(　　)。

A. 直接照明　　　　　　B. 间接照明

C. 分区照明　　　　　　D. 射灯照明

□　简答题

1. 饭店各区域如何选用冷暖灯光色调?

2. 取电牌(节能开关)为什么不控制冰箱、空调、充电器、传真机等电器的插座?

3. 通讯虚拟交换机技术有何特点?

## ■　分析与应用

□　分析题

1. 试分析大堂插座设置种类。

2. 客房为什么不用集中式触摸开关?

3. "'请勿打扰'不用显示式的,而用挂牌为好",为什么?

□　应用题

1. 参观三星级以上饭店,感受大堂灯光色调;参观中餐厅、餐厅包厢、客房和洗手间,感受灯光照明。

2. 饭店客房内照明以功能区要求、方便客人为目的,因此客房照明应考虑到不能照搬教条,应考虑到饭店行业特点。试根据所学知识,为一家五星级饭店客房内照明提出你的建议。

3. 复述电梯困人时的放人程序。

**选择题参考答案**

1. C　　2. B　　3. A　　4. C

# 饭店空调系统

**学习目标 》**

本章学习内容有:饭店空调标准;冷水机组选择;冷水机组数量选择;多机头组合的往复式冷水机组选择;空调送风形式;空调水系统;大堂空调;餐厅空调;客房空调;厨房空调要求;其他区域空调要求。

**知识要点 》**

知道空调标准的三个主要因素,即温度、湿度、新风;熟知冬、夏季空调温度标准;了解饭店冷水机组选择知识;知道空调送风形式;知道风机盘管的作用和保养方法;知道温控器的作用和使用方法;了解空调水系统;知道大堂、餐厅、客房、厨房空调要求。

**技能要求 》**

掌握风机盘管和温控器的使用和保养方法;在A4图幅上,画出风机盘管的组成部分,说出工作原理,写出保养注意事项;画出温控器组成部分,说出各部分作用及实际使用中的注意事项;掌握客房卫生间内排风、地漏等常见的四种现象。

引例

## 客人倒想起空调节能了

李先生是一家外贸公司的业务经理，经常因为出差入住星级酒店。图 4-1 是李先生亲自拍摄的一家五星级酒店客房空调温控器(1 月中旬)，这种型号的温控器很时髦，但不适合饭店使用，因为客人操作起来很麻烦。客人要先熟悉面板上的符号，再去试着操作。图中所显示温度指示已到达 27.1℃，李先生操作了半个小时，也没有将温度调到 23℃。李先生公司的业务就是节能产品贸易，所以他非常有节能意识，空调温度设得过高，不仅浪费电能，还破坏客房内装潢，对客人身体也没有什么好处。

这个引例给我们的启示：第一，饭店提供给客人的设备设施要方便客人操作；第二，要掌握空调温度标准，冬季空调温度可设定在 20℃～23℃，因为冬季空调温度每降低 1℃，可以节省电能 5%～8%。

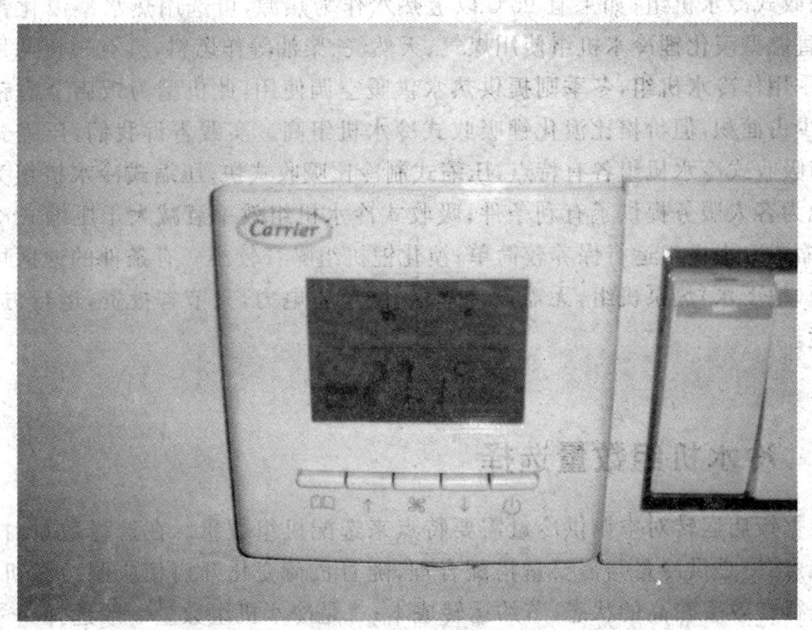


**图 4-1　电子温控器**

空调体现了饭店产品的主要附加值，其质量直接影响饭店的档次与服务质量。空调质量标准有以下几方面：温度、湿度、新风量、风速、噪声、空气中含尘浓度等，其中前三项为主要指标。空调系统运行效果在对客服务当中起着举足轻重的作用，其投资在饭店硬件设备设施中占较大的比重；冷水机组是电驱动的，其耗电量占整个饭店用电量的1/2,因此在选择空调机组时,既要考虑到满足对客服务要求,又要兼顾日后运行成本。

## 4.1 冷水机组选择

冷水机组有压缩式冷水机组与吸收式冷水机组。压缩式常用三种机型:往复式、螺杆式、离心式;吸收式冷水机组有:单/双效溴化锂吸收式冷水机组、热水型溴化锂冷水机组、直燃型溴化锂冷温水机组。

压缩式冷水机组中,不同机型的制冷量范围不同。螺杆式冷水机组制冷量在100~1 000kW;往复式冷水机组最大制冷量为700kW左右;离心式冷水机组最小制冷量在500kW左右。螺杆式和离心式冷水机组能效比均比往复式高,因此在实际选择中,如果单台制冷量大于700kW时,为了节能,一般不宜选用往复式冷水机组。吸收式冷水机组根据热源情况选型。双效溴化锂吸收式冷水机组所需要的蒸汽压力在0.4~0.8MPa;如果其他企业可提供0.1MPa左右废蒸汽,可采用单效溴化锂吸收式冷水机组;如果有95℃以上热水作为热源,可选用热水型溴化锂冷水机组;直燃型溴化锂冷水机组使用煤气、天然气、柴油等作燃料,具有一机两用的特点,夏季用作冷水机组,冬季则提供热水供暖空调使用,此机型为饭店节省锅炉设施,且少占面积,但价格比溴化锂吸收式冷水机组高。实践告诉我们,压缩式冷水机组与吸收式冷水机组各有特点,压缩式制冷比吸收式快;压缩式冷水机组为饭店及时地为客人服务提供了有利条件;吸收式冷水机组效率衰减大于压缩式冷水机组;压缩式冷水机组运行保养较简单;溴化锂机组噪音较小。有条件的地区可以选用地源(地下水)热泵机组,无需设冷却塔,既节省电力,又节省投资,运行方便,保护环境。

## 4.2 冷水机组数量选择

根据饭店运转对空调供冷量需要特点来选配机组数量。在选择数量时,考虑以下几点:一是供冷量与需要量搭配合理,随着负荷变化开启相应制冷量机组,使机组运行在效率较高的状态,节约运转成本;二是冷水机组数量一般选择2~3台,大规模饭店选用4台,单机制冷量搭配符合大、中、小原则,多台组合除了调节负荷需要,具有备用、应急措施,确保空调效果的可靠性;三是规模小的饭店只用1台冷水机组欠妥。

## 4.3 多机头组合的往复式冷水机组选择

往复式冷水机组应选择有多头压缩机自动联控组成的机型。这种机型具有负荷调节灵活、工作效率高、节能明显的特点，在季节更换的时候，它的优越性更是明显，中小饭店使用这种冷水机组比较合适，具有操作简单、保养维修费用低、节省人力资源的特点。大型饭店选择了大单机制冷量机组时，也应配置这类机型。特别是选用了吸收式溴化锂冷水机组时，搭配这类机型，对饭店空调运行是有好处的。

## 4.4 空调送风形式

饭店空调送风形式有以下几种：①机组送风方式；②风机盘管加新风方式送风系统；③局部空调，如柜式空调、分体壁挂式空调、窗式空调；④VRV空调系统。

### 4.4.1 机组送风方式

这种送风方式常用于大面积(空间)送风，如大堂、多功能厅、宴会/中餐厅等。

(1) 单风道送风。这种方式是将新风与回风按一定的比例混合经过滤器，夏季通过表冷器/喷淋室除湿、冷却，冬季通过加热器加热及加湿器加湿，经处理后的空气通过送风道经送风口/散流器以低速送入各区域。这种送风方式可设或不设回风道。房间内的冷热负荷由集中处理后的空气负担。当未设回风道时，回风通过安装在吊顶上的回风口、侧墙回风窗或相关回风通道回至空调机房。

(2) 双风道送风。这种送风方式设有送风和回风两条送风管道。如果回风管路较短，不设回风机组；如果回风管道长度超过50m，须在回风管道上安装回风机，以增强回风效果。

(3) 变风量双风道送风。这种送风方式采用变频调速风机改变风机转速，根据负荷变化来改变风量，达到自控目的。这种控制方式节电效果明显，节电10%～20%，而且风机的噪声也有所下降，因此使用前景广阔。变风量双风机空调控制原理如图4-2，新风机组控制原理如图4-3所示。

### 4.4.2 风机盘管送风方式

风机盘管加新风送风方式常用于小空间的空气调节，如客房、餐厅包厢等。风机盘管一般有如下安装方式：卧式暗装、立式明装、柜式明装等。饭店常用的卧式暗装风机盘管结构及工作原理如图4-4所示。

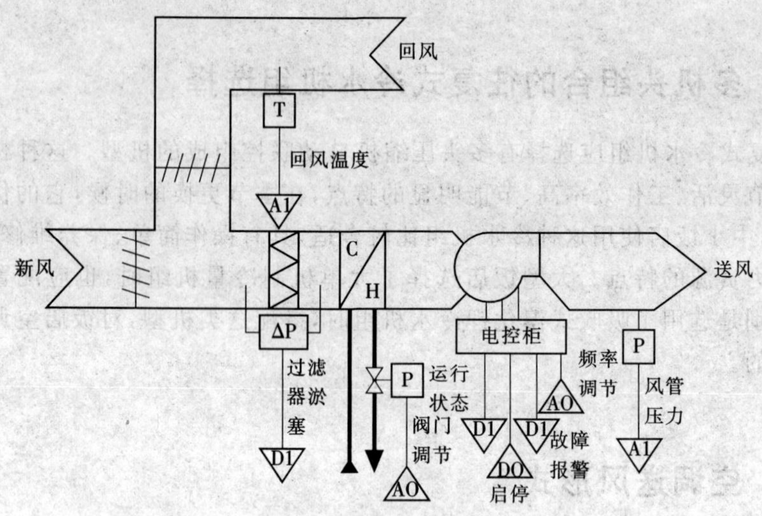


图 4-2 变风量空调控制

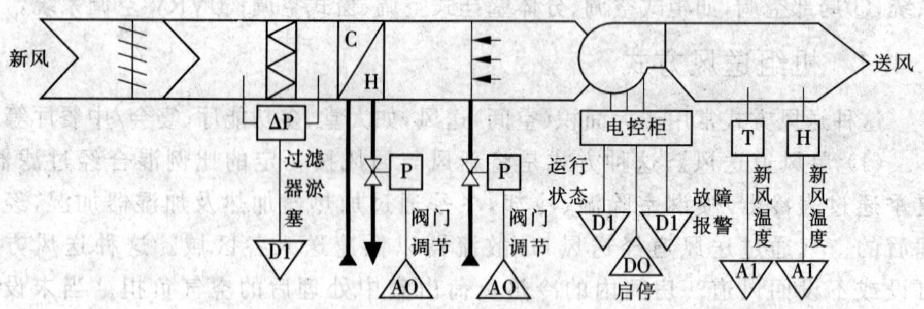


图 4-3 新风机组控制

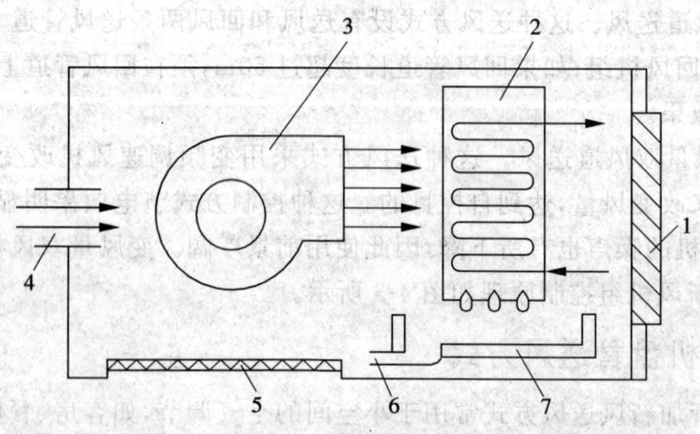


图 4-4 风机盘管

1—出风口；2—盘管；3—风机；4—新风口；5—回风口；6—排水接口；7—积水盘

风机盘有四种控制方式：三速开关带电磁阀自控式；三速开关手控式；风机开停自控式；电子恒温器式。饭店常用第一种型式，如图4-5，温控器有三个部分：制式控制，H——制热，C——制冷，O——开关；风速控制，Hi——高速，Mi——中速，Lo——低速；调温控制，逆时旋至左侧(cool)温度降低，顺时针旋至右侧(warm)温度上升，使用时，根据不同区域调整温度旋钮至适当位置，达到空调标准及节能。

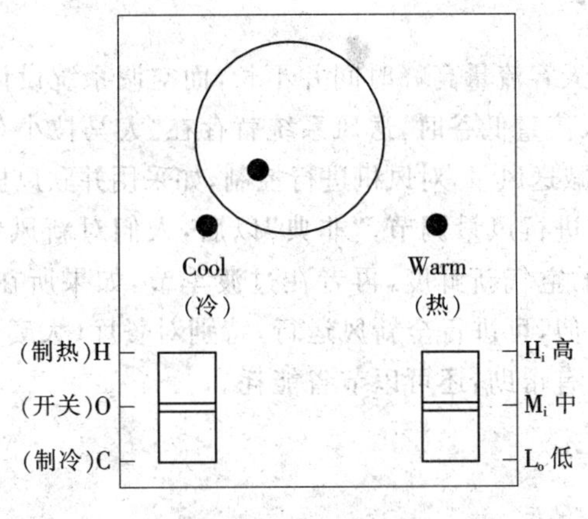


**图4-5　空调温控器**

饭店应加强温控器使用培训，正确使用，避免夏季将旋钮旋转至逆时针极限(min)位置(5℃)或冬季旋转至顺时针极限(max)位置(30℃)，前者可能引起出风口冷凝水加重，滴下来影响装修效果，温度过低还会引起客人不适并使能耗增加。冬季温度过高会引起家具、装修开裂并引起客人不适，也会使能耗增加。

### 4.4.3　VRV空调系统

使用中央空调有困难的饭店某些区域，或有些别墅式度假型饭店，可以采用VRV变频热泵空调系统。该系统采用冷媒直送方式，因此无需冷却水、冷却塔、风道等复杂系统，节省了投资与空间等，管理方便。VRV主机常安装在平台或屋顶上，无需正规的机房，冷媒管直接连到室内机，高差可达50m以上，管长超过100m，一台主机可以拖若干台室内机(1拖n)，根据负荷可选择的余地较大。这种机型夏季可在室外温度45℃时制冷；冬季在室外温度4℃～10℃时制热，因此特别适用于南方地区。

## 4.5　送风系统分区

无论是空调机组还是新风机组都应按不同的服务场所进行区域划分。不同的服务项目，营业时间有所差别。例如，餐厅营业时间多在中午和晚上，多功能厅使用时间不确定，有可能全天加晚上，有可能上/下午或晚上，舞厅多在晚上，保龄球馆多数全天加晚上，因此对上述区域分别设置空调送风和新风机房。空调机房一般应设在上述区域的附近，减少送风管道长度，提高送风效率，注意机房与相邻的前台区域设隔音空间（墙）或安装消声装置，以减少噪音对前台的干扰。

## 4.6 风量调节

饭店各营业区每天客流量高峰时间并不长，而空调系统设计负荷时却是以此时的负荷为依据的，在人流量低谷时，送风系统就存在"大马拉小车"的现象。因此，送风系统应随人流量增减送风量，对风机进行控制，如采用并联风机或双速电机等。

对新风系统也应进行风量调节，"非典"以后，人们对新风要求更高，客人更注重餐厅、客房等区域的空气新鲜度，再者在过渡季节，如果所在地区的室外空气状态与设计送风要求相似，可进行全新风运行，特别对餐厅（大宴会、包厢）很有好处，对减轻其内的异味很有帮助，还可以节省能耗。

## 4.7 空调水系统

### 4.7.1 开/闭式系统

（1）开式系统。有些空调水系统用开式系统，如喷淋式冷却水系统、喷淋式空调机组冷冻水系统等，如图 4-6 所示。该系统不足之处有：循环水受污染严重，北方地区更为明显，从而使系统设备腐蚀严重；管路系统有时引起水锤、振动现象；要

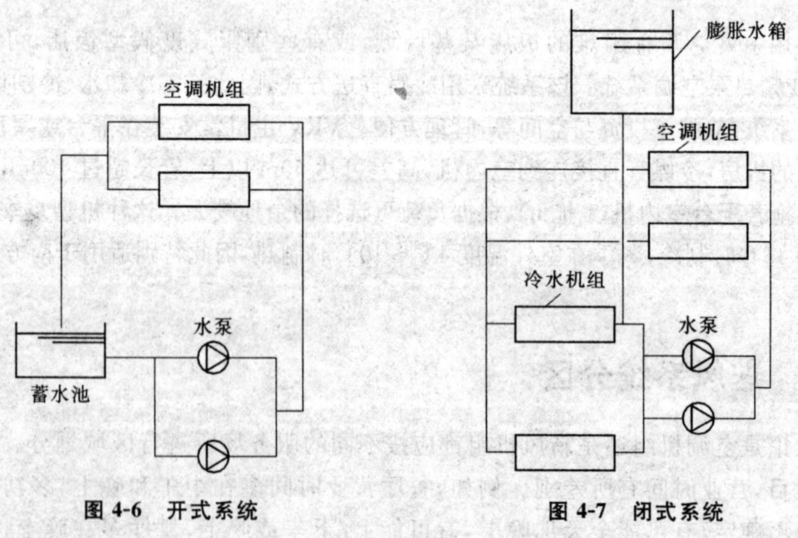


图 4-6 开式系统　　图 4-7 闭式系统

求水泵扬程高，因水泵不仅要克服系统的阻力，还要克服循环水的重力等。该系统适用于低层建筑，高层建筑饭店多采用闭式系统。

(2) 闭式系统。闭式系统解决了开式系统存在的诸多问题，如图 4-7。该系统具有如下特点：一是循环水不易受污染，对系统设备寿命有好处；二是水泵扬程要求可降低，系统压力与楼层高度无关，仅需克服循环水、管道长度阻力；三是无需设回水池，只需设一个比回水池小的膨胀水箱；四是水泵可设在系统上的任何位置；五是系统水处理费用降低。

## 4.7.2　一级泵、二级泵和混合系统

(1) 一级泵系统。一级泵系统是空调供水的基本型式，其组成比较简单，运行管理方便，适用于中小规模的饭店。该系统的基本组成如图 4-8 所示，在供回水总管之间设有旁通阀，当空调机组或风机盘管负荷减少时，部分供水从该旁通阀返回到冷水机组，保持机组蒸发器水流量稳定。一级泵系统常采用一机一泵并联运行，根据负荷情况调节开机台数从而达到节能目的。

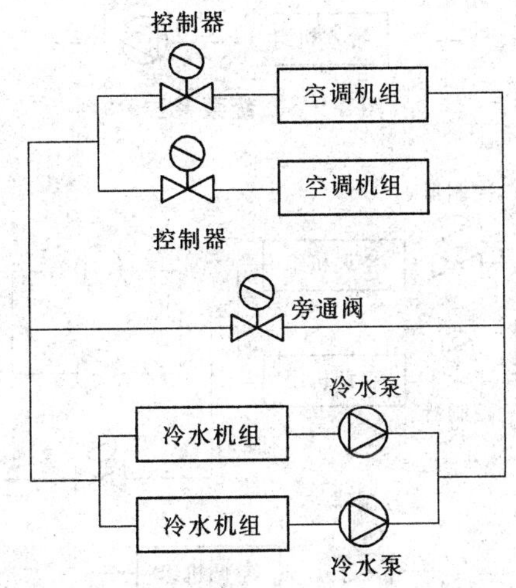


**图 4-8　一级泵系统**

(2) 二级泵系统。该系统由两个环路构成，如图 4-9，一级泵环路提供冷冻水，水泵的工作阻力有限，水泵的流量与冷水机组蒸发器循环流量一致；二级泵环路对冷冻水进行配送，根据负荷分区情况，二级泵可分为若干个环路。二级泵系统用于高层建筑中，解决冷水机组蒸发器要求定流量，而空调末端设备要求变流量的问题。该系统一级泵保持一机一泵配置，而二级泵环路水泵台数多于一级泵台数，以满足不同区域的调节效果。

(3) 混合式系统。系统组成如图 4-10，冷冻水配送系统中，既有一级泵环路，又有二级泵环路。

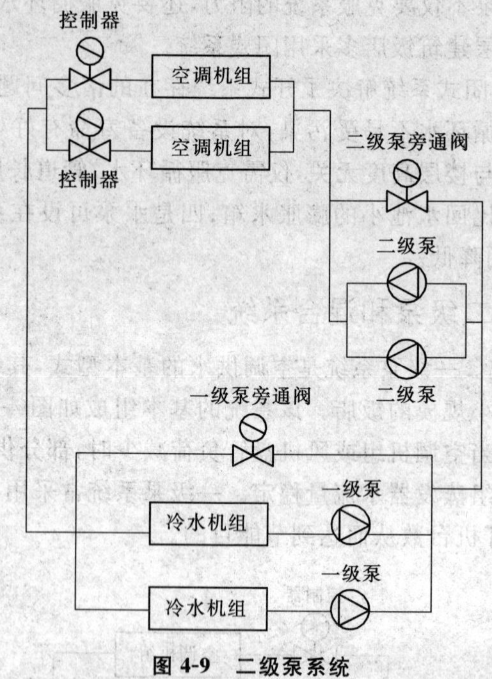

图 4-9 二级泵系统

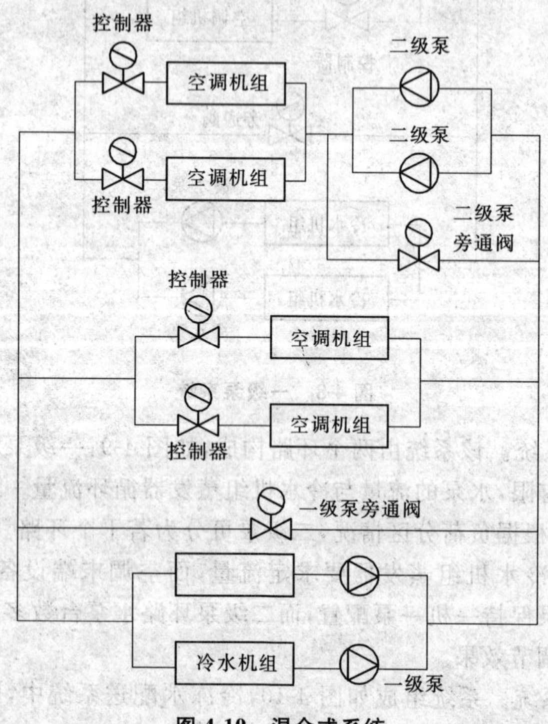

图 4-10 混合式系统

对于高层建筑的裙楼部分用一级泵直接供水，而高层部分采用二级泵供水。这种系统分高低区设计，对提高系统的工作效率有利。

### 4.7.3　双管制、三管制和四管制系统

(1) 双管制。如图4-11，这是一种基本的供回水系统，设一套管路，回路中夏季供冷冻水、冬季供热水，末端空调机组/风机盘管不变。该系统简单，对所有区域进行同时供冷或供热，但不能对各区域负荷变化进行调节，存在着过冷或过热的现象。

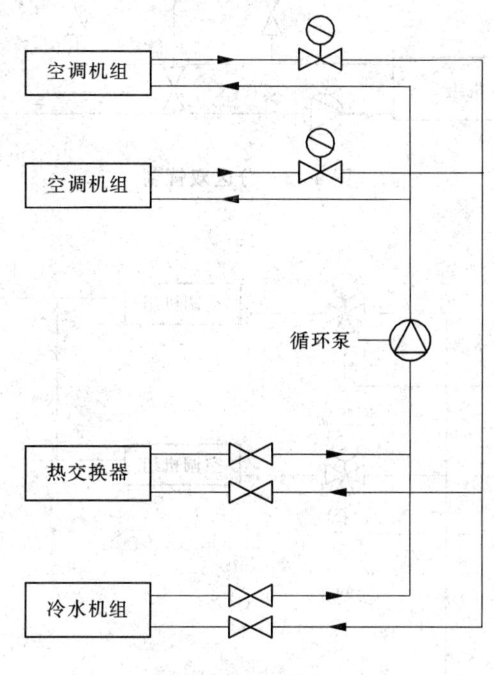


**图4-11　双管制**

(2) 分区双管制。如图4-12，同一区域一天当中，负荷发生陡变时，采用分区双管制系统来调节。分区时，按负荷突变情况进行调节。水平分区时可考虑房间朝阳背阴；垂直分区按高低层考虑。该系统特点是相对于三、四管制更为简单、易行，便于运行管理，不足之处是能耗大，调节能力不及三、四管制系统。

(3) 三管制。如图4-13，该系统冷、热水分别提供，共用回水管，通过切换方式来满足负荷需要。该系统特点是适应负荷瞬时变化，调节能力强。不足之处是共用回水管，冷热回水抵消，运行效率低，冷热水回路并联于冷水机组和热交换器，使冷水机组回水温度超标。

(4) 四管制。系统型式见图4-14，四管制设两套供回水管路。末端盘管有两种设置，一是冷热水分别采用两组盘管，故系统相互独立；二是末端共用一个盘管，

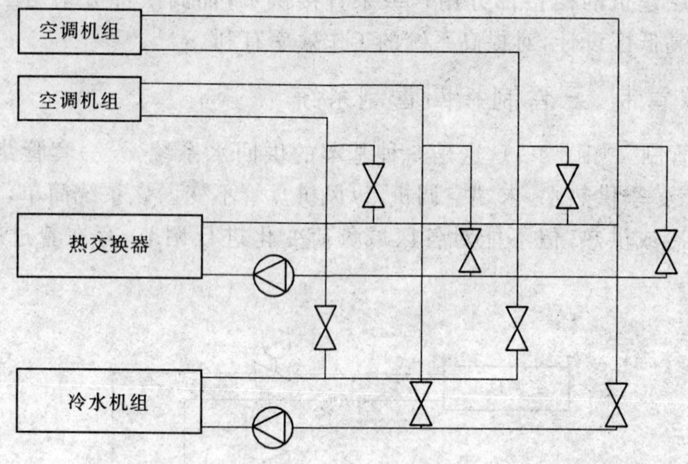

图 4-12　分区双管制

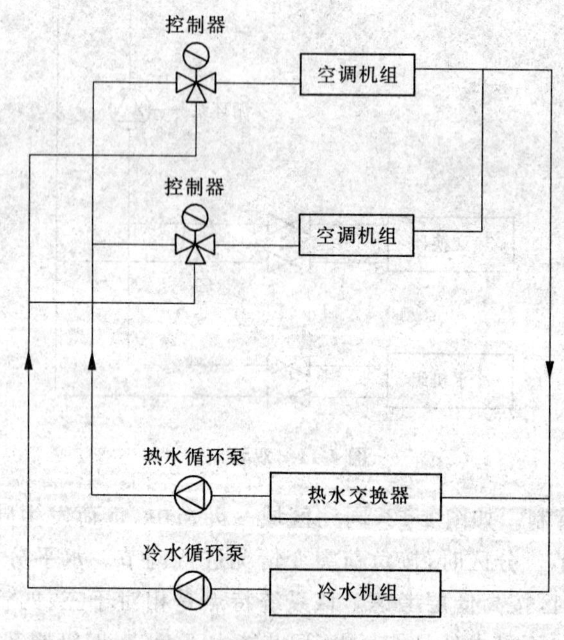

图 4-13　三管制

但回水分开(同三管制)。

四管制优点有:一是适用负荷变化很大的周边房间,调节能力强,工作可靠;二是解决了三管制冷热水共回时能量损失,降低了运行费用;三是便于二级泵系统设计。四管制缺点是系统复杂,多占空间,投资费用高。但该系统容易满足客人对空调的不同要求。

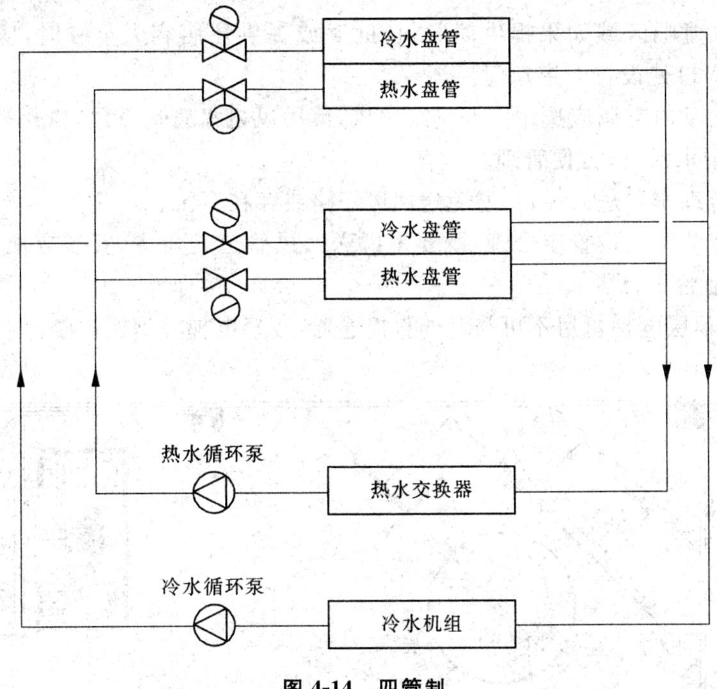


图 4-14　四管制

## 4.8　大堂空调

大堂是饭店的一个重要窗口，且是客人从室外进入饭店第一要地，空调效果给客人的感受为室内室外“两重天”。夏季大堂空调温度在 20℃～26℃之间，相对湿度在 50%～65%之间；冬季温度在 18℃～23℃之间，相对湿度 45%～55%之间；新风量足够。

大堂面积、空间都比较大，门和通道多，玻璃墙面面积大，这些对空调达到标准要求是不利的，因此要充分考虑到不利因素，在估算负荷时将其列在其中，根据实际经验，大堂空调负荷量在 200～300W/m² 方可满足要求。

为了使大堂空调达到服务标准及降低空调运行费用，在设计或改造大堂时，应注意以下几点：

(1) 大堂的大门应选用旋转门或保温空间，如图 4-15 所示。

(2) 大堂内通往后台的通道尽量减少，并在进出口处设推拉门。

(3) 大堂空间与主楼以上楼层空间不宜直接贯通。

(4) 玻璃墙面积应限制，特别是 3m 以上高度的墙面，如有可能用中空玻璃。

(5) 大堂内洗手间内排风应真排风，有轻微负压效果，防止异味回流，污染大堂空气。

(6) 大堂吧区域如果提供简餐、自助餐或提供住店客人早餐时，应在操作间(厨房)出入口处设置双道双门。

(7) 大堂内空调应选用空调机组送风，慎用风机盘管加新风，以保持装修效果及减少冷凝水污染，方便管理。

(8) 合理布置送回风口，避免送回风短路或存在盲区。

(9) 空调机房位置应合理，既要考虑送回风管道转角少、安装方便，又要考虑到噪音对前台干扰少。

(10) 顶层电梯机房不可与室外直接连通，减轻电梯井烟囱效应。

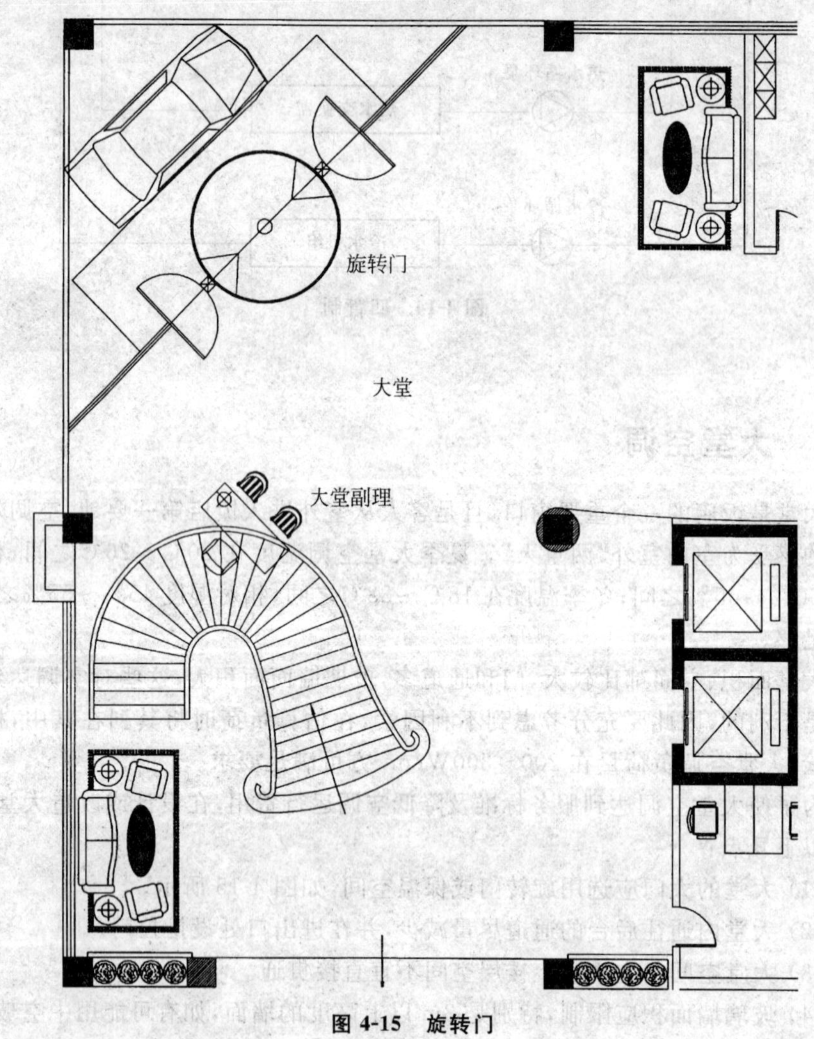


图 4-15　旋转门

## 4.9 餐厅空调

餐厅包括中餐厅、西餐厅、多功能厅、餐厅包厢等。餐厅空调的主要特点是负荷(夏季)变化范围大,从客人的角度要求空调在夏季餐厅客满时,能达到舒适的程度,因此餐厅空调效果是体现饭店产品档次的重要方面。

餐厅空调送风型式一般用机组送风、风机盘管加新风及局部式空调,对于大空间如中餐厅、多功能厅等采用机组送风较为合适,主要是考虑到这些区域的天花板装修效果及运行管理方面的要求;对于餐厅包厢有时因受层高的限制,可以采用风机盘管加新风的型式。无论采用何种型式,均要保证餐厅内新风尽量满足 30 立方米/人·小时。餐厅空调标准为:夏季温度为 20℃～26℃,湿度小于 65%;冬季温度为 18℃～23℃,湿度大于 45%。

餐厅内空调送回风口设置应合理,避免送回风口短路或盲区现象。餐厅与厨房之间应设双道双门。餐厅空调负荷按 80～160W/$m^2$ 考虑,以保证餐厅的舒适。

## 4.10 客房空调

客房空调常用风机盘管加新风的型式。客房内空调应满足温度、湿度、新风量等要求。夏季温度在 20℃～26℃,湿度小于 65%;冬季温度在 18℃～23℃,湿度大于 45%;新风量大于 30 立方米/人·小时,并要求风机盘管的噪声<40dB。客房内应特别注意卫生间的排风效果,要求卫生间内排风装置工作在“真排风”状态,杜绝“假排风”现象,使卫生间内空气流动呈微弱负压状态,避免卫生间内异味气体倒流而污染客房空气。客房卫生间另一个值得注意的是地漏问题。2003 年春季“非典”疫情爆发,香港淘大花园事件的惨痛教训应吸取,当时卫生间内地漏水封被破坏,从而导致 SARS 病毒交叉感染。

以下是国内外客房卫生间内排风、地漏常存在的四种问题,图中分别列出问题现象及整改方法。常见的排风问题有“自我享受”型,如图 4-16 所示;“共享”型,如图 4-17 所示。其整改方法见图 4-18,由“假排”变为“真排”。常见的地漏问题有专业型问题——地漏没有存水弯(见图 4-19),也有管理型问题——存水弯脱水(见图 4-20)。这两种问题的整改方法见图 4-21,安装 U 型存水弯并给存水弯定期喂水。

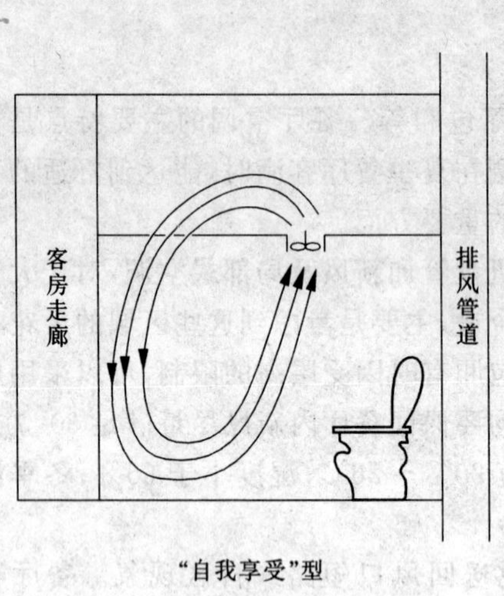

"自我享受"型

**图 4-16 假排风**

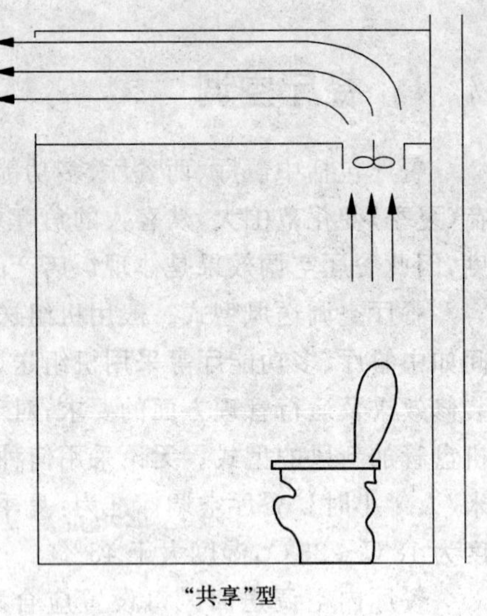
"共享"型

**图 4-17 串风**

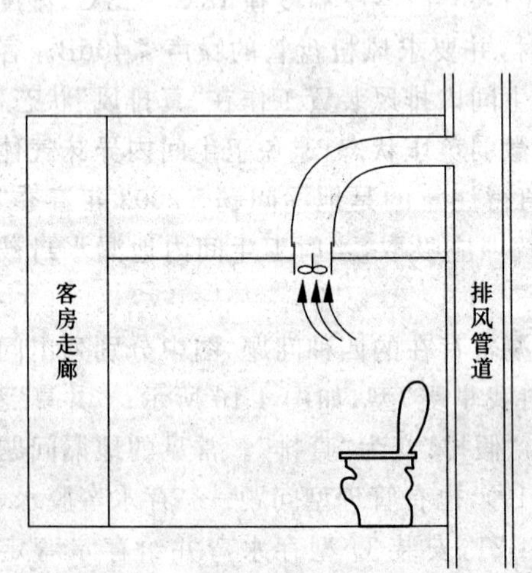

整改方法:由"假排"变为"真排"

**图 4-18 假排风或串风整改**

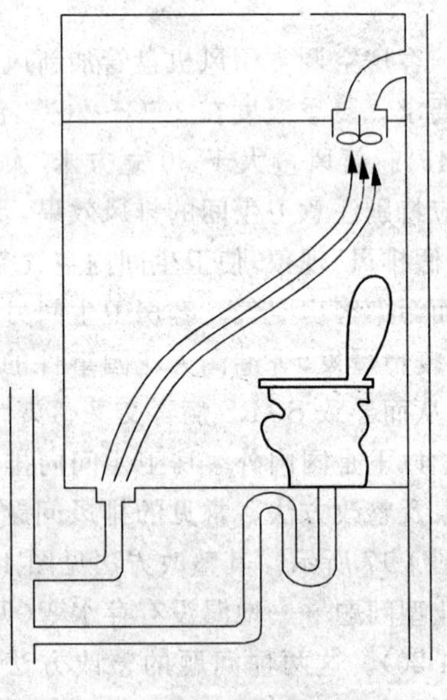
专业型

**图 4-19 地漏没有存水弯**

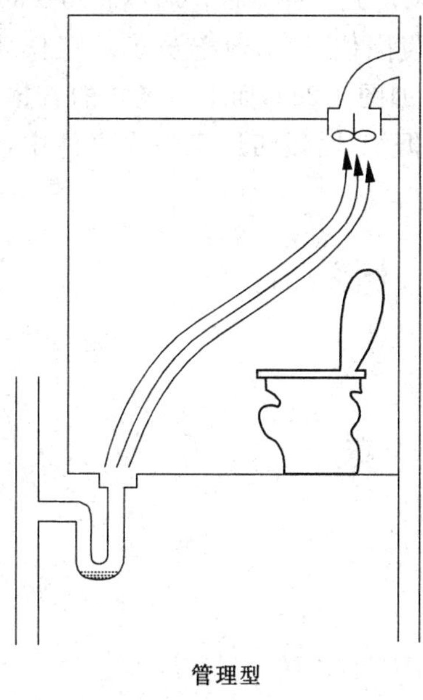


图 4-20　存水弯脱水

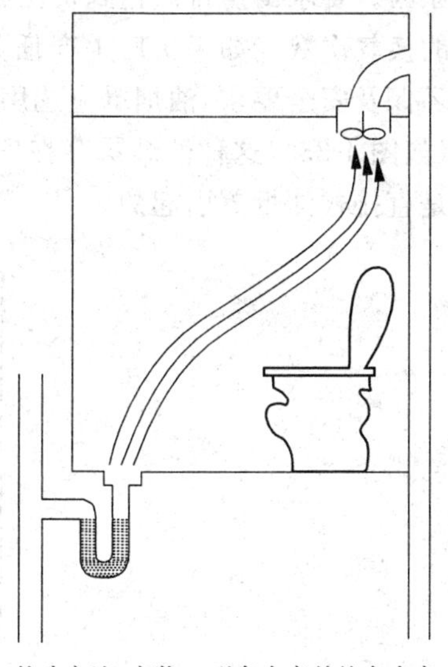


图 4-21　给存水弯定期喂水

## 4.11　厨房空调要求

现代餐饮服务不仅体现在前台，客人对厨房内卫生也越来越关心。厨房作为后台起着越来越重要的作用，如果厨房地面是湿的，则餐厅地面也会受到污染，因此要治理餐厅地面先治理厨房地面。厨房排风效果达不到要求是地面潮湿的一个

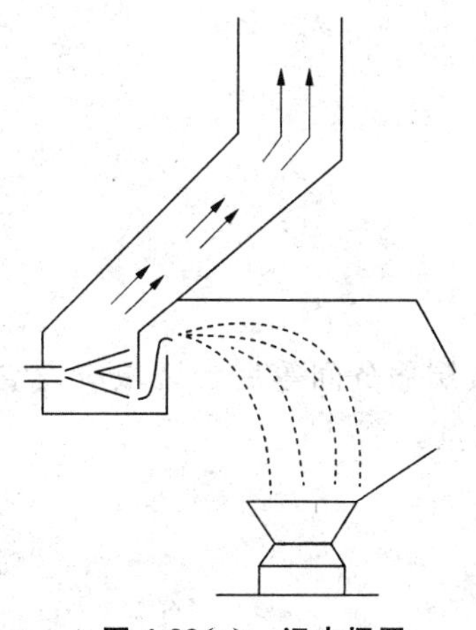

图 4-22(a)　运水烟罩

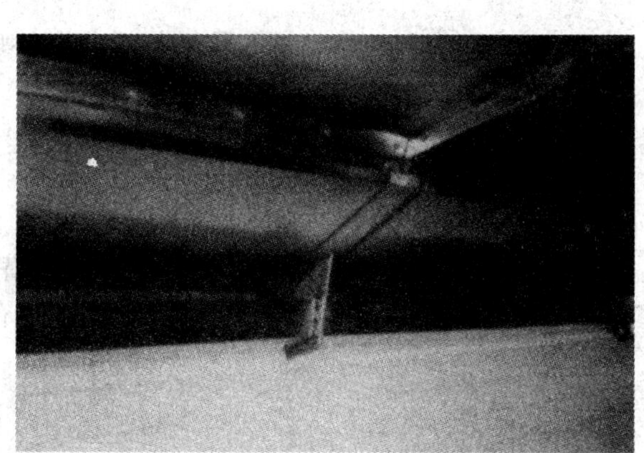

图 4-22(b)　运水烟罩

主要原因。要求厨房排风达到负压状态，即排风量大于补风量，要保持 50～60 次/小时的换气次数。如果厨房生产任务重，可再设岗位送风，改善员工的工作环境。根据环保及安全要求，油烟罩应选用运水烟罩（如图 4-22），而不是老式的直排式油烟罩（如图 4-23），这种油烟罩存在安全隐患。据统计，饭店厨房失火事件中，95%以上是直排式油烟罩引起的。

**图 4-23 直排式油烟罩**

## 4.12 其他区域空调要求

对员工餐厅、更衣室、制服/布草库、食品仓库、楼层服务间等后台区域应设空调或送排风装置，以保证员工身体健康及物品保存质量。

## 本章小结

本章主要介绍了饭店空调的标准，即温度、湿度和新风量；冷水机组、机组数量及多机头组合的往复式冷水机组选择；空调送风型式，风机盘管的作用和保养方法，温控器的作用和使用方法；饭店各区域空调要求，如大堂空调、餐厅空调、客房空调、厨房空调和后台空调的要求；重点介绍了洗手间排风的四种型式。

## 思考与练习

### ■ 概念与知识

□ 主要概念

空调标准　冷水机组　空调送风型式　风机盘管　温控器　洗手间真排风

□ 选择题

1. 双效溴化锂吸收式冷水机组所需要的蒸汽压力为(　　)。

   A. 0.4～0.8MPa　　B. 0.1～0.2MPa

   C. 0.3～0.4MPa　　D. 1.4～1.8MPa

2. 考虑装潢效果及方便管理，大堂空调应选用(　　)。

   A. 空调机组送风方式　　B. 风机管盘管加新风送风方式

   C. 风机盘管送风方式　　D. 直接送新风方式

3. 风机盘管积水盘一般在(　　)有可能污染天花板。

   A. 冬季　　B. 秋季　　C. 夏季　　D. 春季

4. 饭店餐厅空调冬季温度设在(　　)。

   A. 20℃～26℃　　B. 18℃～19℃

   C. 20℃～21℃　　D. 18℃～23℃

□ 简答题

1. 饭店空调主要标准有哪些？
2. 饭店大堂采用何种送风型式比较好，为什么？
3. 大堂正门为什么用旋转门？

### ■ 分析与应用

□ 分析题

1. 风机盘管由几部分组成，其作用如何？
2. 温控器由几部分组成，其作用如何？
3. 在饭店大堂、餐厅或客房内，就感觉有明显的洗手间气味，其原因是什么？

□ 应用题

1. 参观星级饭店，感受大堂和大堂洗手间、餐厅、多功能厅、客房、员工餐厅空调效果。

2. 风机盘管有几部分组成，其作用如何？

3. 天海大饭店按五星级标准建造，开业后发现部分客房内洗手间内有异味，经现场检查，发现地漏处下水管道存在问题。试画出从地漏至下水道正确的管道图。（徒手画）

**选择题参考答案**

1. A　2. A　3. C　4. A

# 第5章 饭店洗衣场设施

**学习目标 ≫**

通过本章学习,掌握以下内容:了解洗衣场位置选择,洗衣场面积,洗衣场设计要求,设备功能布局要求,洗衣设备安装注意事项,洗衣场能源消耗估算;了解客衣洗涤程序;了解洗衣设备操作注意事项与保养维修。

**知识要点 ≫**

了解洗衣场位置选择的注意事项;掌握面积指标;掌握洗衣场布局要求与洗衣流程,即干、湿洗流程;了解设备安装注意事项;掌握干、湿洗设备选型与数量配置;了解洗衣场水电气能耗指标;知道客衣洗涤流程;了解洗衣设备操作与保养维修方法。

**技能要求 ≫**

掌握洗衣场布局流程,在A4图幅上,画出300间客房规模的洗衣场功能布局,并标出各设备名称;对标准为五星级,客房数量400间的饭店干、湿洗设备进行选型。

引例

### 客人见到台布有个小洞

王先生夫妇的晚宴在一家四星级饭店三楼包厢内进行。客人一到，服务员满面笑容一一迎客落座，点茶、点菜程序完成后，客人边喝茶边聊天，同时也打量起包厢的环境，当然餐桌上的餐具及台布是客人不可能放过的，在主宾位置的客人看到台布上有一个小贴物，用手将这个小贴物揭开一看，原来台布上有一个黄豆大的小洞，这让主人非常尴尬。当用完餐买单时，王先生指着台布上的那个小洞，对服务员说餐费要打七折，否则找老总来说话，服务员在请示经理后，同意了王先生的折扣。

在王先生看来，难得在这家四星级饭店招待贵客，台布上的一个小洞，让他丢了面子，让他的客人以为他舍不得花费。其实这家饭店是当地最好的一家四星级饭店，包厢消费也不低。因为缺少竞争，这家饭店放松了对台布质量的控制，台布上出现小洞，原因是最近更换了一台新湿洗机，滚筒内机械毛刺所致。

以上引例说明，不要小看台布上的一个小洞，它折射出洗衣场设施质量和管理的重要性。

## 5.1 洗衣场位置选择

饭店洗衣场位置一般有以下两种情况。

(1) 洗衣场与主建筑分开，与后勤部分在一起，这时要处理好收发衣物的通道，洗涤好的衣物要作防护，否则会产生中途污染而回洗，一般改造后的饭店采用这种方式。

(2) 多数饭店洗衣场与主建筑放在一起，一般放在地下室，具体位置的确定要考虑下述因素：

① 靠近洗衣场收集与发送衣物方便的地方。一般靠近员工电梯附近，布草车进出电梯厅方便。

② 洗衣场的位置对左邻右舍影响最小。洗衣场设备较多，大容量的洗脱机更易产生噪音及振动，而且洗衣场使用热水，蒸汽会向四周散发余热，如果周围有办公室、食品库等，必受其影响。

③ 洗衣场离锅炉房距离较近为宜。洗衣场要使用大量的蒸汽，由锅炉提供的蒸汽压力一般为0.4～0.8MPa，高温高压蒸汽管道不要走得太长，否则会产生能源损失，并给空调带来负担，还会造成员工通道上方滴冷凝水。如果用汽设备(如大烫机进口)管道中有冷凝水，会影响烫平效果。

## 5.2 洗衣场面积

### 5.2.1 面积因素

洗衣场面积一般由下述因素决定。

(1) 饭店规模:饭店规模大,洗衣场面积相应增加。

(2) 饭店星级等级:饭店星级高,洗衣场面积相应增加。

(3) 洗衣设备先进性:设备先进,其性能相应较好,洗涤效率也相应提高,这时洗衣场的设备数量可减少,因此洗衣场面积也相应减小。

### 5.2.2 面积指标

#### 1. 相同的面积指标

洗衣场面积指标一般根据饭店的客房数来决定,面积指标为 $0.7m^2$/间,这一指标仅以客房数为参数来决定洗衣场面积,有一定的局限性,因此有时不能满足实际需要(不是浪费面积,就是不够用)。如饭店餐饮、康乐规模较大,布草洗涤量增加,按上述面积指标来确定洗衣场面积就偏小;上述面积指标不论多少客房数,都取同一指标值存在不合理因素。按饭店实际情况,饭店客房数成倍增加,洗衣场面积并不一定成倍上升,要避免浪费现象。

#### 2. 调整的面积指标

调整的面积指标见表5-1,该指标充分考虑了酒店客房数与面积指标的关系,客房数越多,面积指标数趋小,符合实际需要。但表中的面积指标确定的洗衣场面积也未考虑到饭店餐饮、康乐项目的规模大小。

**表5-1 调整的面积指标**

| 规模/间 | 面积指标/$m^2$ | 洗衣场面积/$m^2$ | 各项面积/$m^2$ | | | |
|---|---|---|---|---|---|---|
| | | | 洗衣间 | 收发室 | 办公室 | 化学品库 |
| 100 | 1.5 | 150 | 103 | 30 | 10 | 7 |
| 300 | 0.9 | 270 | 223 | 30 | 10 | 7 |
| 500 | 0.72 | 360 | 313 | 30 | 10 | 7 |
| 1 000 | 0.63 | 630 | 583 | 30 | 10 | 7 |

上述两种面积指标的确定方法在规模为500间客房时,结果大致相同,但对于其他规模则不一样。在实际使用中,采用上述两种方法中的一种,先估算出洗衣场面积,然后根据实际情况,如餐饮、康乐规模的大小,适当调整面积数值(一

般是 10～50$m^2$)。

## 5.3 洗衣场设计要求

洗衣场内设计的合理与否,直接影响衣物的洗涤质量,设计合理是方便运转、满足洗涤质量要求的前提,因此要注意以下几点。

(1) 洗衣场有两个门,分别用作污衣入口及净衣出口,以免污、净衣物交叉。

(2) 洗衣场内净高要大于 3.5m,以方便安装进、排风管等设备。

(3) 能源供应管路按设备布局要求提供。蒸汽、热水、自来水管道等最好靠近设备,有不少饭店洗衣场忽视了这些要求,如将蒸汽管道整个穿过洗衣场上空,而且管道外面不加保温层,这样使整个洗衣场"烤火",洗衣场内温度较高,同样又将热水、自来水管与蒸汽管并列穿过,有些管路之间只相差几厘米,冷热管之间产生热交换,使洗衣场内温度上升,局部有冷凝水下滴现象。

(4) 洗衣场一般有两种送风方式:①送新风;②中央空调。洗衣场要求有足够的通风量,洗衣场通风好,可以降低温湿度,有利于烘干与烫平衣物。要合理布置空调送风口与排风口,以使风道畅通,切忌送、排风口"短路",即送风口与排风口靠得很近,或送、排风出口位置不合适。正常的情况是空调新风(干燥的空气)从一侧送进洗衣场内,另一侧的排风口抽走潮湿的热空气,送、排风口之间要有足够的距离才能形成对流。

(5) 充分利用空间,保证洗衣场内流程顺畅。洗衣场内设备种类多,要根据洗衣流程、功能来设置不同的区域,以保证运转顺利。洗衣场内通道要宽敞,其走向应与洗衣流程相适应,通道的宽度要大于布草车的宽度,一般在 1.5m 以上。

(6) 墙面砖色彩选用与洗衣场装修相协调;地面砖选用防滑、强度高、易做清洁的地面砖。如有吊顶,应选用防水、防气、色调明快的材料。

(7) 洗衣场内排水不设明沟。在处理排水时,要考虑:①禁设明沟。洗衣场排出的水有一定的温度,由明沟排出时会向空间散发蒸汽,明沟越长,散发量越大。例如,一家洗衣场明沟排水如图 5-1 所示,由图可以看出:该洗衣场排水明沟占整个洗衣场周围长度的一半,这样相当于给洗衣场内增设了"蒸汽发生装置",使洗衣场空间大量增湿,使冷凝水从吊顶往下滴,严重时,烫平机烫过的床单都因为滴上了水而回洗。②污水池盖不设在洗衣场内。

饭店排放的污水(污水池一般在地下室)有时有一定的温度,如同浴室排放的水。污水池盖禁止设在洗衣场内,因为即使加了盖子,也不可能做到完全密封,造成有如下不利因素:一是有蒸汽向空间散发;二是有部分余热辐射到空间;三是有异味散发到空间,使洗衣场卫生状况差。如一家洗衣场内有一个污水池放在烘干机后面,并开了一个长 160cm、宽 140cm 的口,准备加盖,但开业两年来从未盖过,

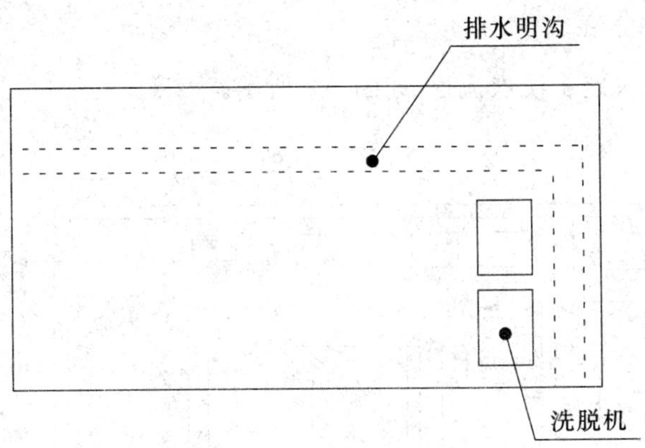


图 5-1 洗衣场内设明沟不合适

因此洗衣场内严重潮湿，烘干机烘干一筒衣物的时间比一般时间长一倍多；加之污水池与烘干机相邻，导致烘干机上多数零件锈蚀。

(8) 洗衣场照明灯光用暖色调，不用冷色调，有些区域照度要增加，如干洗区域、质检岗位、熨烫岗位、整理岗位等，以方便检查洗涤效果。

## 5.4 洗衣场设备布局要求

洗衣设备布局的合理与否直接影响洗衣效率及质量，因此设备布局必须满足洗衣流程，流程合理才能使洗衣场有条不紊。

### 5.4.1 洗衣场内分区

洗衣场分为五个区域。

(1) 收集(分拣、标记)区：在洗衣场污衣入口处设的10m² 区域，将收集的衣物进行分类，按干洗、湿洗、不同颜色等进行过磅、标记后分类洗涤处理。

(2) 湿洗区：饭店内洗衣场绝大部分任务是进行湿洗，所以这一区域面积较大，用以安排不同规格的湿洗设备。

(3) 烘干、烫平区：根据不同的衣物分别进行烘干与烫平，如毛巾类进行烘干，台布、床单等进行烫平，烘干机一般紧靠洗脱机。

(4) 干洗区：干洗、整烫区在洗衣场内是相对独立的一个局部区域，一般放在洗衣场的一角，有时用铝合金、玻璃等与洗衣场其他部分隔开。

(5) 净衣区：洗涤过的衣物必须集中到净衣库内，净衣库一般设在洗衣场净衣出口处附近，有些是与洗衣场出口处连通的，这时必须设常关闭的门，防止洗衣场内热湿汽进入净衣库。

### 5.4.2 洗衣流程

设备布局就决定了洗衣流程，如图 5-2 所示。

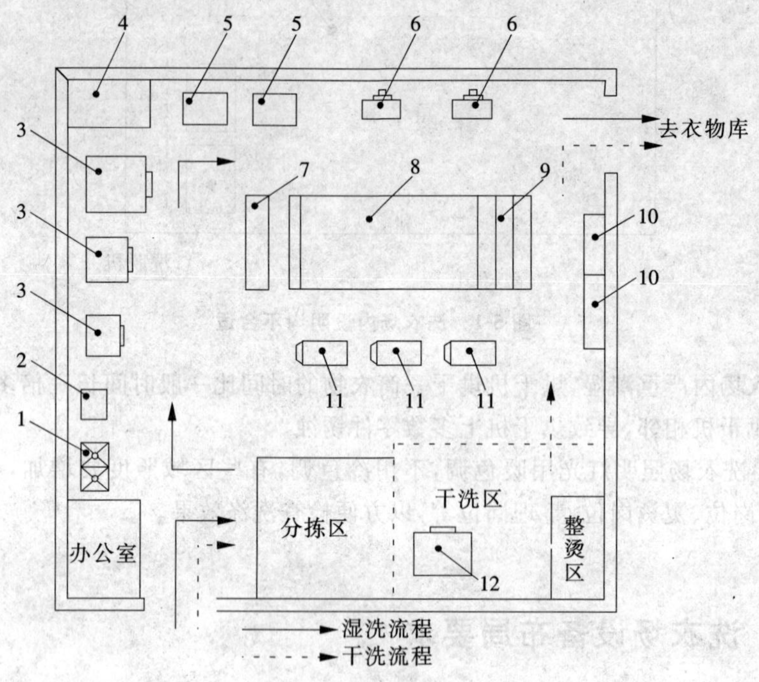


**图 5-2 洗衣场布局流程**

1—双槽洗涤池；2—家用洗衣机；3—洗脱机；4—空压机房；5—烘干机；6—压烫机
7—工作台；8—大烫机；9—折叠机；10—布草架；11—布草车；12—干洗机

#### 1. 干洗流程

污衣在分拣区分类后，打上记号，直接进入干洗区进行洗涤、整烫，后直接经净衣出口进入净衣库，由此看出干洗区不与湿洗区交叉，流程通畅，满足了干洗的要求，如图中的虚线所示。

#### 2. 湿洗流程

污衣在分拣区分类、过磅后，装入不同的洗脱机进行洗涤，脱干后按类进行烘干、烫平，然后经净衣出口进入净衣库，因此衣物从污衣入口到净衣出口形成单向、无返回、无交叉流动，使湿洗流程经过污—湿—干—净，顺利地通过流程，如图中的实线所示。

## 5.5 洗衣设备

### 5.5.1 洗衣设备安装注意事项

洗衣场的各种洗衣设备的布局除满足洗衣场流程外，设备安装也很重要，不可图省事，否则会给今后的运行带来不便，具体施工安装中，应注意以下方面：

#### 1. 机座固定牢靠

全自动洗脱机要根据不同的机型（如是否是减震型的）来决定地脚怎么做，如果不是减震型的，用于固定设备的地脚螺栓与混凝土浇注的深度和螺栓直径尺寸是有一定要求的。

#### 2. 能源接管的长度尽量短

蒸汽管、冷热水管从干管引向设备支管长度不宜过长，因为管路长了以后，如果保温不好，能耗损失加大，同时给洗衣场环境带来不利。蒸汽管、热水管、冷凝水管的接法按规定连接，分别见图 5-3、图 5-4、图 5-5，洗衣设备蒸汽管应从蒸汽总管的上方引入，因为蒸汽管道内有冷凝水存在，从上方接管后，干管内冷凝水不会进入洗涤设备，保证烘干机的烘干效果。

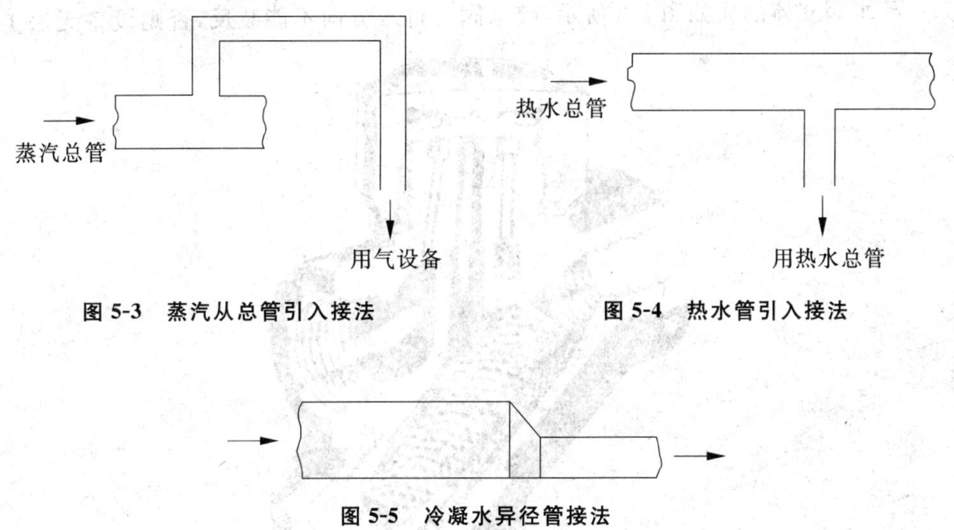


图 5-3 蒸汽从总管引入接法

图 5-4 热水管引入接法

图 5-5 冷凝水异径管接法

#### 3. 洗衣设备不要紧靠墙

设备顺墙安装时，不要紧靠内墙，一般离墙 0.8m～1.0m，以便于日常保养维修，如干洗机的烘干回收的主要部件蒸发器是易损件，经常出现穿管损坏，在更换时，必须从机器中抽出损坏件才能换新。如一家洗衣场的 15kg 干洗机，安装时离墙只有 30cm，上述部件损坏后，无法更换，只得将干洗机重新离墙安装，花了两天时间。重新安装时，蒸汽管、热水管、自来水管全部重做，既影响正常洗衣，又浪费材料。

### 4. 洗衣场内的能源管道要保温

蒸汽管、冷热水管、自来水管等要进行保温处理。有些洗衣场只对蒸汽管道保温，认为自来水管是室温而不必保温，这是不正确的理解。洗衣场内温度高，湿度大，自来水管在这样的环境下就是"冷凝器"了，表面必然结露、滴水，因此自来水管也要保温。保温层的厚度也有要求，一般厚度为 50mm 以上的玻璃棉才能起到保温效果；不少洗衣场管道保温层厚度不够，只有 30mm。

### 5. 疏水阀型号与安装方向要正确

疏水阀是用蒸汽设备系统中重要部件。蒸汽系统中疏水阀应处于正常工作状态，否则引起洗衣质量下降，甚至造成洗衣设备无法工作。在实际工作中，出现任何洗衣质量问题，都应先检查疏水阀。

疏水阀常用两种型号：①圆盘(热动)式，如图 5-6 所示，属于小容量疏水阀，用于烘干机、干洗机、人像机、工夹机、万用夹机、熨斗、厨房蒸箱等。②吊桶式、浮球式，如图 5-7 所示，属于大容量疏水阀，用于烫平机(大烫机)、厨房汤锅等。

疏水阀立体剖面如图 5-6 所示，疏水阀的排水方向不能装反，否则设备无法工

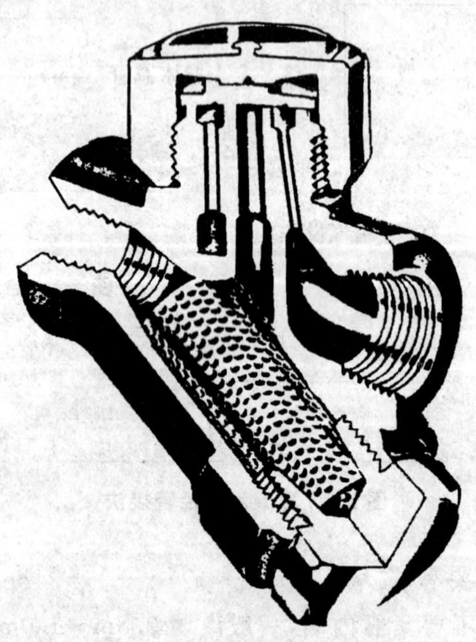

图 5-6　圆盘式疏水阀立体剖面

作。实际上有不少饭店洗衣场的设备安装是由供应商或外单位施工的，有时会将疏水阀的方向装反，要知道疏水阀装反是不起任何疏水作用的，等于没有装一样。例如，有一家洗衣场有两台烘干机，开业两年来，一直是由操作人员每工作 2～3 分钟，就将旁通阀打开放水，结果烘干效果很差，请原单位、供应商都未找出毛病，后来发现疏水阀与管道一起被玻璃棉保温起来，经打开后，发现圆盘式疏水阀方向装反了，调换方向后，两台烘干机工作正常。注意：大烫机走得慢多数情况下是由疏水阀型号错误所致。

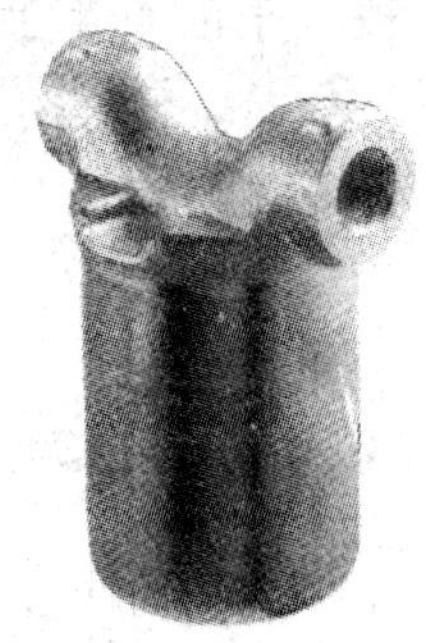
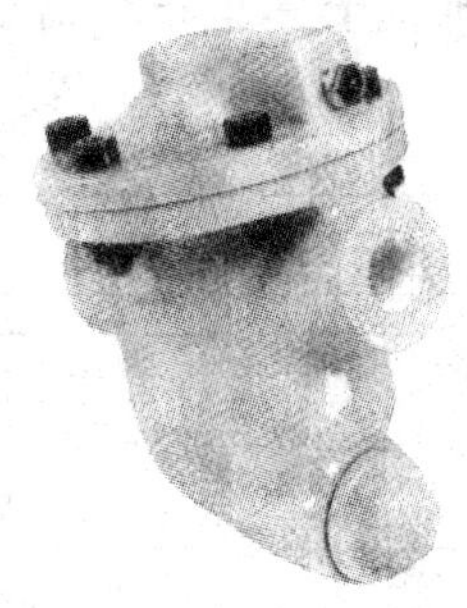

**图 5-7　吊桶式、浮球式疏水阀**

### 6. 能源开关位置方便操作

每天下班后，电气控制箱、蒸汽阀、冷热水阀要放在关的位置，因为这些开关是日常使用的，要求它们的位置合适，方便操作。例如，蒸汽阀、冷热水阀的高度以 1～1.2m 为宜，阀与阀之间也要保持一定的距离，以免旋转操作时相互干涉。有些洗衣场上述阀门的位置安装得不合适，不是放在 2m 高度以上，就是紧靠着墙角，操作很不方便，使得这些阀门长时间不用而锈蚀，等到有一天设备漏气、漏水时，想关闭阀门却无法旋动。

### 7. 工作车不要碰撞洗衣机的门及密封圈处

设备的门是起密封作用的，平时要保护好门的组件及密封圈。对进口设备来说，密封圈的形状比较特别，如果损坏了，修理困难，而且配件价格很贵，因此洗衣场能做到的是注意保护门封及密封圈，让其延长使用寿命，这是上策。在安装设备时采取一些简单的保护措施也行之有效，可以避免工作车人为碰坏门及密封圈。

洗脱机密封圈修理方法如下所述：如果只有下方一处损坏，可不必修理，将密封圈调换一个方向，即将损坏的下方调至上方，可继续使用。如果多处损坏，可在密封圈两面涂上玻璃胶，然后将压紧环收紧，12 小时以后，洗脱机可以恢复使用。一般在下午洗衣场员工下班后进行修理，第二天上班时，可使用洗脱机，不会影响正常运转。

图 5-8、图 5-9 为某四星级饭店洗衣场设备安装整改前后的实例。

整改前存在以下问题，见图 5-8 所示，分析如下：①烘干机用蒸汽引入管从蒸汽管（干管）的下方连接，这是不正确的。我们知道，蒸汽管内会有冷凝水存在，按图中的接法，会有部分冷凝水进入烘干机，使烘干机的烘干温度达不到要求，烘干时间增长，被烘的布草发硬，手感不好。②图中的疏水阀方向装反，等于没有安装疏水阀，因此烘干机每工作几分钟，就要人工打开旁通阀放冷凝水。③洗衣场内设下水道、阴井盖，使得下水道内的水蒸汽通过阴井盖四周不密封的边缘排向洗衣场内，使整个洗衣场内空气潮湿。④蒸汽管没有进行保温，使洗衣场内温度超过 35℃，员工工作环境差。整改前烘干一车布草需要 80 分钟，被烘干的布草手感较差。

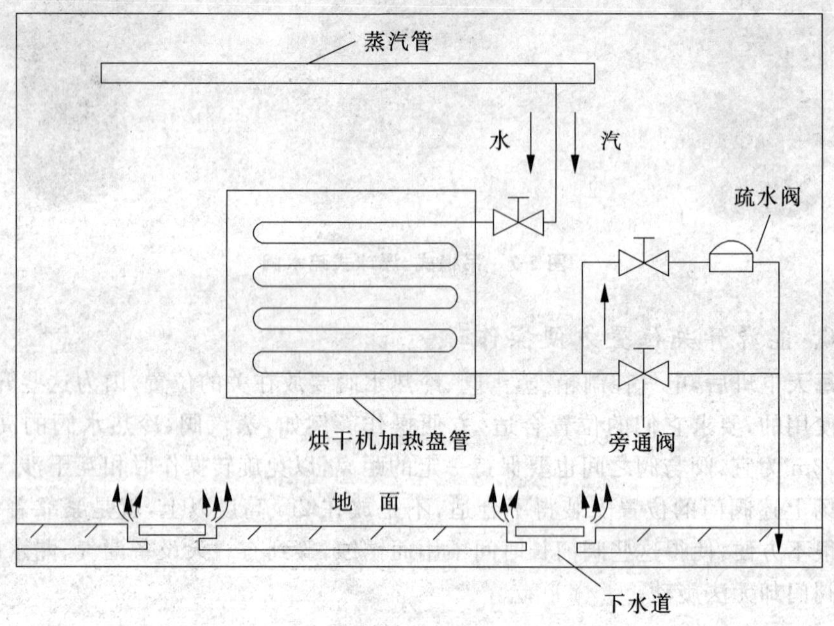


**图 5-8 烘干机安装整改前**

针对上述问题进行整改，如图 5-9 所示，现说明如下：①烘干机用蒸汽引入管从蒸汽管（干管）的上方连接，这样，就防止了蒸汽管内的冷凝水直接进入烘干机。②将疏水阀按正确方向安装，并发现一只疏水阀容量不够，又增加了一只同规格的疏水阀，不必换成一只大容量疏水阀，因为那样做要更换管子，很费事。在蒸汽管道上安装一台疏水阀，排掉其内的冷凝水，提高烘干机所用蒸汽的品质。③将洗衣场内的下水道、阴井盖去掉，疏水阀排放的冷凝水直接引出洗衣场，保证洗衣场内空气的干燥度。④对蒸汽管进行保温，保温层厚度为 50mm。

经上述整改，使洗衣场环境大为改变，温度下降了 6℃，烘干一车布草只需 40 分钟，被烘干的布草手感较好。

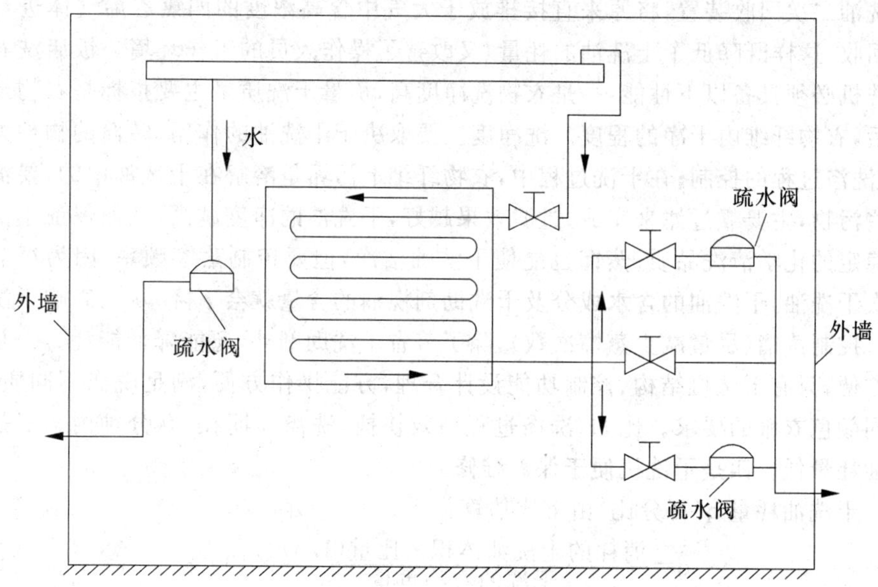


图 5-9　烘干机安装整改后

## 5.5.2　洗衣设备选型与数量配置

洗衣设备是稳定和提高洗衣质量的硬件保证。在整个洗衣过程中，操作及技术管理是基于良好的洗衣设备之上的。高质量洗衣由下列因素组成：洗衣设备运行在良好的工作状态→使用好的化学洗涤剂→正确的操作运行→有效合理的科学管理。在上述四个因素中，设备质量的优劣是起关键作用的。洗衣过程是一个流程，从污衣入口至净衣出口的流程中，主要的一个流程是衣物上污垢的去除，这一过程是在洗衣筒内通过化学溶解及滚筒运转时的物理作用综合进行的，当物理作用与化学溶解配合"默契"时，去污效果最佳。洗衣过程中的物理作用力对洗衣质量起重要作用。物理作用力主要是在洗衣过程中产生的，主要有：一是转筒对衣物的摩擦力；二是衣物之间产生的摩擦力；三是运动的水流对衣物冲击力。不同衣物承受物理作用力的能力是不一样的，如纤维抗拉强度大，其承受物理作用力就大些。物理作用力大小主要取决于转筒直径及转速的大小。

1. 干洗机的选择

在选择干洗机型号时，目前一般选用全封闭式干洗机，由于全球环保组织对四氯乙烯(干洗油)使用的限制，使得干洗油的价格趋涨，使用开式干洗机的洗衣成本较高，对环境、人体也不利，因此目前选用第五代干洗机势在必行。

(1) 干洗机耗油量的确定。

目前国内使用的大部分干洗机是开式的，为了降低干洗油耗量，可以增加一种干洗油二次回收装置，将原来直接排放于大气中含高浓度的四氯乙烯气体进行二次回收，这样既降低了干洗油的耗量，又改善了操作人员的工作环境。饭店洗衣场干洗机必须具备以下性能：一是衣物洗净度高，衡量干洗质量主要指标是衣物经干洗后，衣物纤维内干净的程度。洗净度主要取决于干洗油的作用、转筒的物理力作用、洗涤过程的控制；在干洗过程中，衣物纤维上污垢是溶解在干洗油中的，要清除这些污物，主要靠过滤来完成，过滤效果越好，干洗油的净度越高，从而保证干洗油有稳定的化学清洗品质；蒸馏也能使干洗油洁净，但要控制蒸馏频率，因为每蒸馏一次干洗油，干洗油的含水成分及干洗助剂枧油的含量就会下降，从而影响干洗质量。控制蒸馏（尽量减少蒸馏次数），除了节省干洗助剂外，还能降低能耗。二是操作方便，只有干洗机结构、控制功能设计合理，方能操作方便，满足洗涤不同质地、不同颜色衣服的要求。比如，洗涤过程高效快捷，洗涤周期在30分钟内。三是干洗油耗量低。四是干洗机便于保养维修。

干洗油耗量q（百分比）由下式估算：

$$q=\frac{\text{消耗的干洗油体积}\times\text{比重}(1.6)}{\text{干洗的衣物重量}}\times 100\% \tag{5-1}$$

开式干洗机干洗油消耗量一般为干洗衣物重量的5%～6%；全封闭式干洗机干洗油消耗量一般为干洗衣物重量的1%～1.5%。通过估算干洗机的干洗油消耗量与上述允许的消耗量比较，可以判断干洗机及洗涤操作是否正常。

要准确地测定干洗油的消耗量是比较复杂的，一般通过以下步骤大致求出干洗油的消耗量。①检查系统的密封情况，在0.12～0.15MPa的气压下，气密良好；②清理空气道、纤毛收集器、纽扣收集器、过滤器；③将蒸馏箱内脏溶剂进行全部蒸馏；④让干洗油充满有关系统的内腔，让油水分离器处于最高液位；⑤检查烘干控制器及冷却水系统是否正常；⑥向溶剂箱内注入干洗油到标识的液位；分别标出工作油箱、清洁油箱的液位；⑦全面检查系统，等待2小时后，看两油箱的液位是否有变化；⑧上述一切正常后，准确记录每次干洗衣物的重量；⑨洗涤一星期后，按上述式(5-1)估算出干洗油消耗量，与所属机型比较，看干洗油耗量是否在规定的范围内，如果超出量过大（超出1%～2%），就要对干洗机进行检查维修并检查操作程序是否正确。

(2) 干洗机型号及数量的确定。

饭店的洗衣场干洗量相对湿洗量来说要小得多，因此选择型号及数量比较简单。选定某个厂家的干洗机型号后，先估算出本洗衣场需要的干洗容量，再参考厂家提供的标准型号、容量，确定具体的台数，一般考虑到洗衣场发展及今后可能对外提供洗衣服务，估算出的容量后，在选择厂家标准型号容量时，留一定的余量。

干洗量由下式估算：

$$D=WR \tag{5-2}$$

式中，D为干洗量(kg)；W为星级系数，一星级、二星级、三星级取0.05，四星级、五星级、白金五星级取 0.06；R 为客房数(间数)。

例如，一家五星级酒店客房数为 450 间，取 W＝0.06，R＝450，则干洗量由(5-2)式估算如下：

$$D = WR = 0.06 \times 450 = 27(\text{kg})$$

按照上述估算出的数量与厂家提供的相对应的干洗机标准型号、容量相比较后，确定具体机型，建议选用 1 台 GXZSQ-22F(22kg)，1 台 GXSB-6(6kg)，干洗机容量 28kg，超出估算量 1kg，可以满足使用要求。

## 2. 湿洗设备的选择

饭店洗衣场主要洗涤任务是湿洗、烘干，因此确定洗脱机、烘干机的型号及数量尤为重要，而干洗机、大烫机及其他熨烫设备的选择相对简单。现就洗脱机、烘干机的型号及数量选择介绍如下。

在选择设备型号、数量应主要考虑下列因素：一是使用设备的灵活性，“因量制宜”，提高设备的使用率，降低运行成本，尽量进行大量集中洗涤、熨烫。做到量大开大容量设备，量小开小容量设备，杜绝“大马拉小车”，不要为几件衣服或特别服务(客衣)开大机器，浪费能源，增加洗衣成本；二是洗衣设备的型号做到大、中、小容量搭配(还要配家用全自动洗衣机)，如在相同容量的情况下，宁用两台小容量的设备，不用一台大容量的设备，这样做是从对客服务、设备保养维修的角度出发，避免因出现故障而停机，致使洗衣流程中断。

(1) 洗脱机型号选择。

饭店根据自身的规模、资金状况、洗衣场位置(楼上、一层或地下室)，选用适合本洗衣场的洗脱机，一般安装在楼上要用全悬浮式变频调速自动洗脱机。目前国内外洗脱机品牌较多，进口、国产的都可以选用，但两者的性能有所不同，选型号时要注意从保养维修角度出发，洗衣场主要洗涤设备的品牌要相对集中，如洗脱机、干洗机尽量是同一品牌的。

一般来说，进口设备性能较稳定，无故障运转时间较长但也有其局限性：一是过了无故障期后，出现故障的几率较高，由于维修次数、故障点的增加，使设备内部的机能匹配不平衡，修复的难度增加；二是配件难以保证，影响及时修复，加之国外厂家技术垄断，说明书上有关技术问题描述不多，影响正常维修；三是进口设备价格较高。

近年来国内洗涤设备生产厂家不断引进国外先进洗涤技术，或与国外生产厂家合作，生产的洗脱机质量、可靠性在稳步提高，其型号、性能基本满足洗涤要求。用国产洗涤设备除价格便宜外，配件、售后服务能满足要求。具体选用哪家的产品，要从厂家的技术实力、质量控制体系、现场安装调试能力和售后服务保障方面综合考虑后选择。

(2) 洗脱机数量确定。

选定某个厂家的洗脱机型号后，先估算出本洗衣场需要的洗脱容量，再参考厂家提供的标准型号、容量，确定具体的台数，一般考虑到洗衣场发展及以后可能对外提供洗衣服务，估算出的容量后，在选择厂家标准型号容量时，要有一定的余量。

洗脱量由下式估算：

$$X=TR+15 \tag{5-3}$$

式中，X 为洗脱量(kg)；T 为星级系数，一、二、三星级取 0.7，四、五星级取 0.8；R 为各房数(间数)，一家五星级酒店客房数为 450 间，取 T＝0.8，R＝450，则洗脱机的洗脱量由(5-3)式估算如下：

$$X=TR+15=0.8\times450+15=375(\text{kg})$$

如选用张家港海狮集团生产的洗脱机标准型号、容量如下：TQ—100 型；XTQ—70 型；XTQ—50 型；XTQ—25 型。由此选定型号：XTQ—100 型：3 台，300kg；XTQ—50 型：1 台，50kg；XTQ—25 型：1 台，25kg。

由上述所知，总洗脱容量为 375kg，与估算量吻合，可以满足洗涤需要。

(3) 烘干机的数量确定

烘干量由下式估算：

$$H=GR+15 \tag{5-4}$$

式中，H 为烘干量(kg)；G 为星级系数：一、二、三星级取 0.3，四、五星级取 0.4；R 为客房数(间数)。

例如，一家五星级酒店客房数为 450 间，取 G＝0.4，R＝450，则烘干量由(5-4)式估算如下：

$$H=GR+15=0.4\times450+15=195(\text{kg})$$

如选用张家港海狮集团生产的烘干机标准型号、容量如下：ZHG—100 型；ZHG—50 型；ZHG—25 型。由此选定型号：ZHG—100 型：1 台，100kg；ZHG—50 型：1 台，50kg；ZHG—25 型：1 台，25kg。

总烘干量为 175kg，与估算量相比少 20kg，可以满足烘干要求(注：当按型号容量计算出的容量与公式估算出的容量相差数小于最小型号标称容量时，可以按型号容量相加之和的容量确定)。

(4) 其他洗衣设备配置

其他洗衣设备配置如表 5-2 所示。

**表 5-2　其他洗衣设备配置**

| 客房数/间 | 万用夹机/台 | 人像机/台 | 烫平机/台 | 自动折叠机/台 | 真空烫台/台 |
|---|---|---|---|---|---|
| 100 | 1 | 1 | 1 | — | 1 |
| 200 | 1 | 1 | 1 | — | 2 |
| 300 | 1 | 1 | 1 | 1 | 3 |
| 400 | 2 | 1 | 2 | 1 | 4 |
| 500 | 2 | 2 | 2 | 1 | 5 |

## 5.6 洗衣场能源消耗估算

(1) 自来水消耗量：35～40L/kg(被洗衣物的重量，下同)；

(2) 用电量：0.7～0.8kW/kg；

(3) 蒸汽消耗量：1kg/h·kg。

有关设备使用的蒸汽压力如下：

洗脱机：0.1～0.2MPa；

烫平机：0.7～0.8MPa；

干洗机：0.5～0.6MPa。

## 5.7 客衣洗涤

### 5.7.1 客衣洗涤工作程序

1. 客衣收、洗、送流程

客衣收、洗、送流程如图5-10所示。

2. 客衣收发工作程序

(1) 客人将待洗的衣物放入洗衣袋内，并需填好洗衣单，注明姓名、房间、衣物种类及件数、时间和要求。

(2) 楼层服务员将本楼层的衣物收集到工作间。

(3) 洗衣场收发员每天上午(8:30)定时上楼层收取客衣，并核对客人房间号、核对客人洗衣单、核对客人是否填写姓名，核对无误后，收走客衣。

(4) 如果客人要求"特快"洗衣服务，收发员在接到客人电话通知后，10分钟内到达客人房间收取衣服，并在4小时内完成洗衣任务，交给客人。

(5) 取回的客衣在收发室内进行编号、清点、打码、分类，理出干洗、湿洗、熨烫等类别。

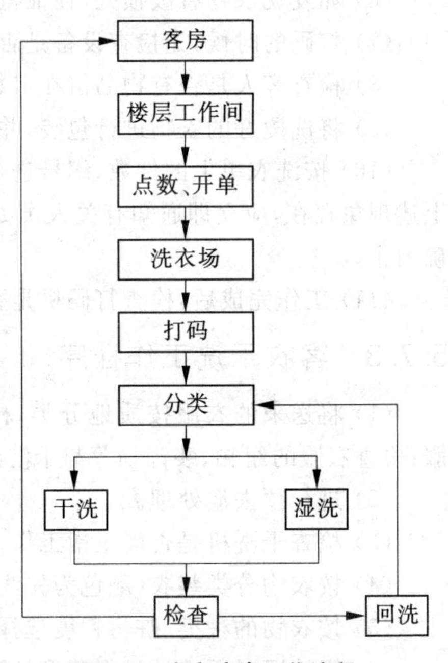


图5-10 客衣洗涤工作流程

(6) 分好类的客衣,根据情况进行修补;对干洗的衣物,要检查纽扣或缝制线与干洗油是否有反应,必要时要进行滴试,看是否需要拆下纽扣洗涤。

(7) 将分好类的客衣送往相应的班组,分别进行干洗、湿洗或熨烫。

(8) 客衣洗、烫完后,收发员将拆下的纽扣按记录缝好,按编号、打码顺序逐份核对客衣,并进行质量检查,如发现问题,立即返回做好特殊处理。

(9) 核对后的客衣,收发员仔细地把客衣整理好装入洗衣袋内,按楼层顺序号码放在手推车上,与楼层服务员同时送入客人房间,并核对签收。

(10) 客衣发出以后,收发员逐份对洗衣单进行计费,登记汇总记账表,交前厅账务核对挂账。

## 5.7.2 客衣检查、打码工作程序

(1) 将收回的客衣进行编号,连同房间号、件数一起登记在查核本上。

(2) 如发现洗衣单上所填的项目件数与点数不符,要立即汇报有关主管进行处理。

(3) 在洗衣单上注明衣服颜色、件数、编号并签名,以便核对。

(4) 按照编号在衣服上打码,如遇见衣服不能打码,要用手写编码,用订书机钉在衣服上。

(5) 检查洗衣单上客人是否有特殊的要求,如有某项要求,应立即通知有关人员。

(6) 如发现衣物有破损处,在征得客人同意后,予以修补。

(7) 打码的时候,先检查设备是否正常,避免重码、漏码的现象。

(8) 检查客人是否有物品留在口袋内,一经发现,应立即上交办公室处理。

(9) 将洗烫好的衣物进行包装,并分类摆放。

(10) 按洗衣单上的件数、编号进行核对,检查衣物是否破损或洗涤不净,如有上述现象存在,应立即通知有关人员处理;对包装错误的衣物要重新核对,直至正确为止。

(11) 工作完成后,检查打码机是否完好,将电源切断,打扫工作场所卫生。

## 5.7.3 客衣干洗工作程序

(1) 将送来的衣服按质地分类,检查衣袋里是否有其他物品,以避免损伤衣服;检查衣服的纽扣、装饰物等与干洗油是否有反应;检查衣物是否有污渍等。

(2) 进行预去渍处理。

(3) 检查干洗机是否能正常工作,接通电源、蒸汽、控制空气。

(4) 按衣物分类装衣(颜色为先浅后深)。

(5) 按衣物的种类、脏污程度选择程序,开始洗涤。

(6) 视情况对干洗油进行蒸馏处理。

(7) 洗涤工作结束,切断电源、气源。

(8) 将干洗机门打开(门不要扣上)。

(9) 做好工作区域内的清洁卫生。

### 5.7.4 客衣湿洗工作程序

(1) 将送来的衣物进行分类,对于易掉色的衣物要单独洗涤。

(2) 对于有污渍的衣物,先去渍,后洗涤;衬衣洗涤前,先对领口、袖口等进行浸泡、刷洗,以提高洗涤效果。

(3) 按衣物种类,选用相应的洗涤剂,要限制漂白粉的使用。

(4) 控制好水温,对易掉色的衣物,应用自来水洗涤。

(5) 对"特快"衣物,优先洗涤,对于单件丝织品,一般采用手洗,尼龙丝织品,用网袋洗涤。

(6) 洗涤工作结束,冲洗洗涤剂槽、清洁设备、切断设备的能源开关。

(7) 打扫工作区域内卫生。

### 5.7.5 烘干工作程序

(1) 对要烘干的衣物进行分类,以采用相应的烘干方法。

(2) 深颜色和浅色衣物要分开烘干。

(3) 不耐温的衣物要挂起来自然晾干。

(4) 轻薄、易变形的衣物要自然晾干或室温吹干。

(5) 客衣烘干温度不要超过60度。

(6) 衣物烘干后及时出机。

### 5.7.6 客衣熨烫工作程序

(1) 西服:一是人像机吹烫,整理衣服、定型。二是万用夹机压烫,工序如下:左衣领→后衣领→右衣领→后身→左前身→左上胸→右前身→右上胸→磨右膊→磨左膊→左衣袖→右衣袖→压左领→压右领。三是手烫台上整烫,整修机烫所不及的局部。四是注意使用烫布,避免熨斗烙痕。

(2) 西裤:一是手烫台上整烫,吹裤裆,开裤缝,整烫裤袋衬里。二是万用夹机压烫,工序如下:右前腰→右后腰→后腰→左后腰→左前腰→左裤腿→右裤腿→右前裤线→左前裤线。

(3) 机烫衬衣:一是弯位机烫压,工序如下:袖口正面→衣领反面→正面反领。二是磨菇机压烫,工序如下:左前肩→右前肩→右侧→左侧。三是压烫机压烫,工序如下:左衣袖→右衣袖→左前身→右后身→左后身→右前身。

(4) 手烫衬衣:一是用喷水枪将衣服喷湿。二是在手烫台上整体烫,工序如下:右贴→左贴→正领→反领→肩膀→右袖→左袖→后幅→右前幅→左前幅→整烫后幅。

## 5.7.7 布草洗涤工作程序

(1) 检查洗涤脱机是否能正常工作。

(2) 按布草的分类洗涤，洗涤有油渍、污渍的台布、口布时，用碱水、漂白剂洗涤；有颜色的台布、口布要选用合适的洗涤剂，以防止掉色。

(3) 毛巾类布草洗洗涤后，烘干并进行冷却，以保证手感柔软。

(4) 台布、床单等根据洗涤程序上浆、烫平。

客衣、衬衫(白色)、台(口)布、毛巾(白色)洗涤程序如表5-3～表5-6所示。

**表5-3 客衣洗涤程序**

| 编号 | 工序 | 水位 | 水温/℃ | 时间/分钟 | 化学品 | 备 注 |
|---|---|---|---|---|---|---|
| 1 | 主洗 | 4 | 45～50 | 8～10 | 中性洗涤剂 | |
| 2 | 过水 | 6 | 40 | 2 | | |
| 3 | 过水 | 6 | 35 | 2 | | |
| 4 | 过水 | 6 | 35 | 2 | | |
| 5 | 中脱 | | | 1 | | 中低速脱水 |
| 6 | 中和/柔软 | 1 | 常温 | 5 | 5 | 酸剂/柔软剂 |
| 7 | 高脱 | | | 3～5 | | |

**表5-4 衬衫(白色)洗涤程序**

| 编号 | 工序 | 水位 | 水温/℃ | 时间/分钟 | 化学品 | 备 注 |
|---|---|---|---|---|---|---|
| 1 | 主洗 | 4 | 65 | 8～10 | 强力洗涤剂、漂白剂 | |
| 2 | 过水 | 6 | 55 | 2 | | |
| 3 | 过水 | 6 | 45 | 2 | | |
| 4 | 过水 | 6 | 40 | 2 | | |
| 5 | 中脱 | | | 1 | | 中低速脱水 |
| 6 | 中和/柔软 | 4 | 40 | 4～5 | 酸剂/柔软剂 | |
| 7 | 高脱 | | | 3～5 | | |

**表5-5 台(口)布洗涤程序**

| 编号 | 工序 | 水位 | 水温/℃ | 时间/分钟 | 化学品 | 备 注 |
|---|---|---|---|---|---|---|
| 1 | 冲水 | 6 | 冷/热水 | 2～3 | | |
| 2 | 主洗 | 4 | 85 | 10 | 强力洗涤剂、漂白剂 | |
| 3 | 主洗 | 4 | 85 | 5～8 | 强力洗涤剂 | |
| 4 | 漂白 | 4 | 65～70 | 7～10 | 漂白剂 | |
| 5 | 过水 | 6 | 60 | 2 | | |

续表

| 编号 | 工序 | 水位 | 水温/℃ | 时间/分钟 | 化学品 | 备　注 |
| --- | --- | --- | --- | --- | --- | --- |
| 6 | 过水 | 6 | 50 | 2 | | |
| 7 | 中脱 | | | 1 | | 中低速脱水 |
| 8 | 中和/上浆 | 4 | 40 | 5 | 酸剂/浆粉 | |
| 9 | 高脱 | | | 8～10 | | |

**表 5-6　毛巾(白色)洗涤程序**

| 编号 | 工序 | 水位 | 水温/℃ | 时间/分钟 | 化学品 | 备　注 |
| --- | --- | --- | --- | --- | --- | --- |
| 1 | 冲水 | 6 | 冷/热水 | 2～3 | | |
| 2 | 主洗 | 4 | 80 | 10～12 | 强力洗涤剂 | |
| 3 | 漂白 | 4 | 65～70 | 8～10 | 漂白剂 | |
| 4 | 过水 | 6 | 60 | 2 | | |
| 5 | 过水 | 6 | 50 | 2 | | |
| 6 | 中脱 | | | 1分钟 | | 中低速脱水 |
| 7 | 中和/上浆 | 4 | 40 | 5 | 酸剂/柔软剂 | |
| 8 | 高脱 | | | 6～8 | | |

## 5.8　洗衣设备操作注意事项与保养维修

### 5.8.1　干洗机操作注意事项、保养与维修

#### 1. 干洗机操作注意事项

(1) 切勿过载；

(2) 洗涤前，衣物必须细查掏尽，防止异物；

(3) 开机前检查蒸汽压力、冷却水等；

(4) 放掉油水分离器水分，油雾汽加油；

(5) 绒毛收集器、纽扣收集器每天清理；

(6) 过滤器压力<0.15MPa；

(7) 冷却时间最多不得超过7分钟；

(8) 机器如有异常立即报修。

#### 2. 干洗机日常保养

(1) 每一次洗衣循环，清理一次纽扣收集器；

(2) 每三次洗衣循环清理一次纤毛收集器；

(3) 每天检查油水分离器，油雾器加油；

(4) 按要求对各润滑点加油；
(5) 过滤器压力<0.15MPa；
(6) 每蒸馏6～8次清理蒸馏箱。

### 3. 干洗机月保养

(1) 检查皮带张紧力；
(2) 检查溶剂PH值；
(3) 清理机器各处的纤毛；
(4) 检查各过滤器、疏水阀的性能；
(5) 检查并清理溶剂泵。

### 4. 干洗机年度保养

(1) 打开空气道，清理冷热盘管及通道内纤毛；
(2) 排放并清理油水分离器；
(3) 清理蒸馏冷凝器及相关管路；
(4) 彻底清理溶剂箱。

### 5. 干洗机检修内容

(1) 操作面板、指示灯；
(2) 蒸汽减压阀(小于0.5MPa)；
(3) 冷却水压力(大于0.1MPa)；
(4) 滚筒轴承及润滑；
(5) 主电机皮带及电流；
(6) 冷冻机电流；
(7) 冷冻机高低压保护；
(8) 冷冻机制冷效果；
(9) 蒸汽加热器；
(10) 干洗油循环泵；
(11) 干洗机气动阀；
(12) 干洗油视镜；
(13) 循环过滤器及电机、皮带；
(14) 高低液位控制器；
(15) 蒸馏缸；
(16) 蒸馏冷凝器及压力控制阀；
(17) 油水分离器；
(18) 干燥控制器；
(19) 自动操作系统；

(20) 电器电路系统。

### 6. 干洗机常见故障及处理方法

(1) 烘干过程中经常出现的问题

① 烘干时间过长；

② 溶剂耗量过多；

③ 烘干温度过高，衣物过热。

| 故障原因 | 处理方法 |
|---|---|
| 气流不通畅，棉尘粘在冷却盘管上 | 清理或更换热盘管及气流通道 |
| 蒸汽供气不足 | 调整压力 0.35～0.40MPa |
| 蒸汽电磁阀失效 | 整理及更换阀门 |
| 制冷压缩机冷却不足 | 确保管道畅通 |
| 冷却水温度偏高 | 水温不超过 20℃ |
| 制冷气体不足 | 留意观察窗内气泡 |
| 辅助蒸汽盘管内蒸汽压力不足 | 检查辅助热盘管回路 |
| 膨胀阀功能失效 | 检查制冷部分 |
| 气体回收部分泄漏 | 检查泄漏 |
| 装衣过量 | 切勿过载 |
| 甩干不够 | 按规定甩干 |
| 局部门封磨损 | 更换门封 |
| 水分离器堵塞 | 检查水分离器 |
| 空气道上盖板不平 | 重新密封 |
| 感应器失效 | 检查温感探头 |
| 疏水不良 | 检查疏水器 |

以下问题会造成烘干效果不好：

① 蒸汽不足；

② 疏水不好；

③ 热空气循环不畅；

④ 冷却回收不好。

(2) 干洗油循环不畅

| 故障原因 | 处理方法 |
|---|---|
| 泵堵，泵叶有异物 | 拆泵检查 |
| 气压不足，气阀未开 | 检查气阀 |
| 过滤器堵塞，有空气 | 清理过滤器，排气 |
| 泵内有气或反转 | 调相，充液 |
| 箱底太脏，吸管堵塞 | 清理溶剂箱 |
| 电路故障 | 检查电路部分 |

(3) 液位故障

| 故障原因 | 处理方法 |
| --- | --- |
| 电路 | 检查电路 |
| 液位开关失效 | 检查液位开关 |
| 压力传导管堵或破裂 | 检查传导管或更换 |

(4) 油水不分离

| 故障原因 | 处理方法 |
| --- | --- |
| 吸管破裂 | 检查修补 |
| 排水管堵塞 | 检查清理 |
| 油管堵塞 | 检查清理 |
| 长期不排水 | 定期排放 |

(5) 过滤器故障

| 故障原因 | 处理方法 |
| --- | --- |
| 过滤效果不好 | 按规定加过滤碳粉 |
| 压力过高甩不动 | 清理过滤器 |
| 电器故障 | 检查电器 |

(6) 蒸馏故障

① 蒸馏回收干洗油较慢。

| 故障原因 | 处理方法 |
| --- | --- |
| 蒸汽压力不足 | 调整蒸汽压力(0.4MPa) |
| 蒸汽疏水阀不良 | 检查疏水阀 |
| 蒸馏冷凝器堵塞 | 检查冷凝器 |
| 水压不足 | 检查压力控制阀 |
| 蒸馏器热套内有一层干固残留物 | 清理蒸馏箱 |

② 溶剂蒸馏后含水(乳状)。

| 故障原因 | 处理方法 |
| --- | --- |
| 蒸汽管道漏气 | 检查蒸汽管道 |
| 冷却管漏水 | 检查冷却管 |
| 水分离器失灵 | 检查水分离器 |
| 蒸汽吹除阀未关好 | 关好吹除阀 |

③ 溶剂过沸或产生泡沫。

| 故障原因 | 处理方法 |
| --- | --- |
| 蒸馏器内注入溶剂过多 | 注入观察镜 2/3 以下 |
| 蒸馏器内残留物并没有清除 | 清理蒸馏箱 |
| 蒸汽压力过高 | 调整 0.35～0.4MPa |
| 冷却水不足 | 检查压力控制阀 |

(7) 机器开不起来

| 故障原因 | 处理方法 |
| --- | --- |
| 门开关失效，电器不吸合 | 检查门开关 |
| 安全保护 | 检查高低压控制器等部分 |
| 过载保护 | 检查过载保护器 |
| 电器原因 | 检查电器 |

(8) 筒体门打不开

| 故障原因 | 处理方法 |
| --- | --- |
| 门锁失效 | 检查门锁 |
| 电磁气阀失效 | 检查气路及气阀 |

(9) 干洗时衣服缩水

| 故障原因 | 处理方法 |
| --- | --- |
| 水分离器发生故障，油内含过高水 | 检查油水分离器，重新蒸油 |
| 蒸汽盘管破裂 | 修补或更换盘管 |

造成蒸汽加热盘管破裂的原因如下：

① 长时期蒸汽压力过高；

② 冷却时间过长，超过 7 分钟，材料发生变化，急剧热胀冷缩作用引起蒸汽盘管破裂。

## 5.8.2　洗脱机操作注意事项、保养与维修

### 1. 洗脱机操作注意事项

(1) 清除洗涤物中的夹杂物；

(2) 装衣量不超载、衣物不缠在一起；

(3) 严格按照操作程序洗涤；

(4) 洗涤剂加入量依据衣物数量、脏污的程度进行；

(5) 加料盒内无残留洗涤剂，保持机器清洁；

(6) 操作按钮动作要轻；

(7) 机器工作时，人不离开；

(8) 电气部分由电工检修；

(9) 机器有异常响声立即停机；

(10) 出现故障时，及时报修；

(11) 经常留心、观察机座有无松动、皮带有无打滑，水、汽接头有无滴漏现象，杜绝“跑、冒、滴、漏”现象；

(12) 洗涤完毕后，关掉主电源，将门打开。

### 2. 洗脱机检修的内容

(1) 检查操作、控制(自动、手动)系统；

(2) 检查洗涤程序系统；

(3) 检查洗涤电机工作状态、皮带松紧；

(4) 检查脱水(高脱)电机工作状态，皮带松紧；

(5) 检查各电机主轴承、润滑状况，减速器油位；

(6) 检查压缩空气压力、蒸汽系统；

(7) 检查进、排水阀，蒸汽阀门；

(8) 检查洗涤剂加注装置；

(9) 检查刹车系统；

(10) 检查门连锁控制装置。

上述内容定期、定人检查，做好记录、签名并归档。

### 3. 洗脱机常见故障及维修方法

(1) 故障现象：棉织品洗涤质量下降。

维修部位：检查洗涤电机转速、皮带松紧度以及缺带与否。

(2) 故障现象：棉织品发灰。

维修部位：根据不同地区、水质不同，调整洗涤程序。

(3) 故障现象：温度过高或过低。

检修部位：蒸汽压力、阀门，电脑程序。

(4) 故障现象：门封漏水。

原因：门经常关闭，胶圈失去弹性、老化。

维修方法：加垫、更新；可上下、左右调面使用。

(5) 故障现象：水位过高或过低。

维修方法：检查蒸汽压力手动检查阀门开启情况，检查程序。

(6) 故障现象：洗涤程序乱。

维修方法：检查电池电压，集成块控制电路。

## 5.8.3　烘干机操作注意事项、保养与维修

### 1. 烘干机操作注意事项

① 使用前,清除集尘箱内毛絮等废物;
② 被烘干物内严禁夹带金属尖硬物等;
③ 严禁超载;
④ 检查蒸汽压力;
⑤ 疏水器正叶与否;
⑥ 机器运转时,注意烘干温度;
⑦ 衣物烘干后,必须打足冷风进行降温;
⑧ 任何烘干衣物烘干后应及时取出,严禁衣物在机内过夜;
⑨ 每周将过滤网清洁一次;
⑩ 操作要轻,发现异常,及时停车并报修;
⑪ 烘干完衣物后,将门打开,关掉电源,保持机体清洁。

### 2. 烘干机检修内容

① 检修操作面板、开关、温度表、压力表、安全装置;
② 检修滚筒电机、皮带松紧、电流;
③ 检修排风电机、皮带松紧、电流;
④ 检修变速箱油位;
⑤ 检修滚筒平稳度,中心位置调整;
⑥ 检修蒸汽加热器;
⑦ 检修传动轴、轴承润滑情况;
⑧ 检修加热过滤器;
⑨ 检修排风过滤器;
⑩ 检修电气控制系统。

### 3. 烘干机常见故障及维修方法

(1) 故障现象:烘干时间过长。
检修部位:
① 蒸汽压力不够,温度上不来;
② 疏水阀容量不够;
③ 疏水阀性能不好;
④ 洗衣房空气太湿(跑蒸汽);
⑤ 集尘箱毛絮多;
⑥ 热交换器(加热)交换能力下降;

⑦ 过滤网太脏；

⑧ 皮带松(打滑)、缺带工作。

(2) 故障现象：被烘衣物僵硬。

故障原因：烘干温度太高，皮带松。

(3) 故障现象：噪音大。

检修方法：

① 滚筒下坠磨壳体，调整中心；

② 超载，轴变形；

③ 滚筒轴断裂，焊后校正；

④ 轴承缺油，加油；

⑤ 轴承磨损失效，更换。

### 5.8.4 烫平机操作注意事项、保养与维修

#### 1. 烫平机操作注意事项

① 开机前，检查进料口有无杂物及输送带是否正常；

② 每天用清洁蜡布打蜡，防止烫筒表面发涩，打蜡的目的使表面光滑，防止布件起皱(减少摩擦系数)；

③ 烫带损坏及时更换，以保证输出效果；

④ 工作中注意抽湿机效果及接管连接是否完好，防止漏气；

⑤ 停机前，将抽湿机多开 20 分钟抽尽毛毡内湿气；

⑥ 下班时，关闭蒸汽主阀门、主电源；

⑦ 发现异常现象及时停机并报修；

⑧ 每星期用细木砂布将烫筒进料口边积聚的浆粉、垢物打磨一次，保持进料口光滑。注意在打磨前，要用旧床单将有关部分保护起来，以免浪费被烫的床单。

#### 2. 烫平机检修的内容

① 检修操作面板及显示系统；

② 检修蒸汽压力；

③ 检修烫筒温度，及两个烫筒温度是否一致；

④ 检修疏水阀；

⑤ 检修气控系统；

⑥ 检修皮带传动系统，电机、电流；

⑦ 检修变速箱油位；

⑧ 检修抽风机及电机电流；

⑨ 检修滚筒轴承润滑情况；

⑩ 检修输送带；

⑪ 检修滚筒上毛毡工作情况；

⑫ 检修左右进料是否均匀一致;
⑬ 检修烫筒表面光滑程度;
⑭ 检修物料入口处烫筒表面积浆情况。

### 3. 烫平机常见故障及维修方法

故障现象:床单、台布烫不干,不平整,起皱,卷边。

如果故障原因为操作方面,应采用以下方法处理:

① 前道工序脱水不够,床单、台布烫前最好略烘一下;
② 防止浆洗过度;
③ 防止洗涤过程中漂洗不够;
④ 防止操作时,既不绷紧又不抹平;
⑤ 防止衣物尺寸过大与机器规格不适应;
⑥ 防止选择熨烫速度过快;
⑦ 注意开机前,对烫筒进行蜡制品清洁。

如果故障原因为机器方面故障,应检修以下部位:

① 蒸汽压力是否正常(可能过低);
② 检查疏水器;
③ 如果传动皮带轮打滑,烫筒运转不稳,则对其进行调整;
④ 检查滚筒压力是否不够或不均匀;
⑤ 检查烫筒入口是否不光滑,是否有积浆现象;
⑥ 检查毛毡局部是否起皱或损坏;
⑦ 检查抽湿功能系统是否下降;
⑧ 每次烫完后,应延长抽湿20分钟,以免弹簧生锈。

## 本章小结

本章主要介绍了洗衣场位置选择的注意事项;介绍了洗衣场面积估算方法;重点要掌握洗衣场功能布局要求;注意设备安装注意事项;要掌握干、湿洗设备选型与数量配置;了解洗衣场水电气能耗指标;知道客衣洗涤流程;了解洗衣设备操作与保养维修方法。

## 思考与练习

### ■ 概念与知识

□ 主要概念

洗衣场位置选择　面积指标　功能布局　设备选型　干洗　湿洗　客衣洗涤

设备操作与保养维修

□ 选择题

1. 洗衣场面积一般由下述因素决定(　　)。

A. 大堂面积大小　　B. 饭店星级等级

C. 餐厅面积大小　　D. 员工多少

2. 洗衣场按不同的功能区分为(　　)。

A. 收集区、湿洗区　　B. 烘干、烫平区、干洗区

C. 湿洗区、烘干、烫平区　　D. A、B和净衣区

3. 饭店台布主洗温度为(　　)。

A. 85℃　　B. 75℃

C. 65℃　　D. 55℃

4. 洗脱机用蒸汽压力为(　　)。

A. 0.5～0.6MPa　　B. 1.0～1.6MPa

C. 0.7～0.8MPa　　D. 0.1～0.2MPa

□ 简答题

1. 洗衣场设计有哪些要求?
2. 干、湿洗流程是如何进行的?
3. 疏水阀有几种类型,其用途是什么?

## ■ 分析与应用

□ 分析题

1. 客衣收、洗、送流程是如何进行的?
2. 大烫机走得慢多数情况下与什么有关?
3. 床单、台布烫不干,不平整,起皱,卷边的原因是什么?

□ 应用题

1. 参观星级饭店洗衣场,了解功能布局。
2. 熟悉毛巾(白色)洗涤程序。
3. 天海大饭店按五星级标准建造,客房数200间,试估算湿洗量。

**选择题参考答案**

1. B　　2. D　　3. A　　4. D

# 第6章

# 饭店康乐设施

**学习目标 》**

本章学习内容有:了解康乐设施的作用;健身房;球类项目中的乒乓球、台球、保龄球、网球、模拟高尔夫球、壁球、沙弧球;游泳池;桑拿设施;娱乐设施。

**知识要点 》**

重点掌握健身房位置、空间要求、功能布局和设备选择要求;知道饭店选用的球类设施的基本要求;知道室内、外游泳池设施的基本要求;掌握桑拿区功能布局;了解娱乐设施。

**技能要求 》**

知道健身房功能布局,在A4图幅上,画出60平方米功能布局图;掌握桑拿区功能布局,在A4图幅上画出功能布局图。

引例

## 设备完善，服务到位，带来回头客

刘女士是一家外贸公司的业务员，喜欢跑步，因而出差住饭店时，总要到饭店健身房跑步。有一次她入住一家四星级饭店，一早就来到健身房，让刘女士高兴的是这家饭店有些特点：健身设备按功能分区布置得非常合理，电视里有早间新闻，电视画面很清楚，而且声音也悦耳，她边跑步，边看电视，20 分钟一下子过去了。跑步刚结束，服务员送来点心、水果和饮料，这让刘女士非常满意。从此刘女士每次出差到这个城市，都入住这家饭店，而且她还推荐朋友也入住这家饭店，给这家饭店带来了更多的客房收入。

这个引例告诉我们：饭店管理要讲究细节，对客服务设施一定要为客人着想，要从长远的角度去考虑，不能只看眼前利益。从表面上看健身房是供住店客人免费使用的，没必要向客人提供增值服务，如提供点心水果等，但实际上当饭店提供了这些服务后，给饭店带来的是更多的效益。

# 6.1 康乐设施的作用

康乐设施是饭店对客服务所应具备的重要组成部分，特别是在评星时起到重要作用。一般来说，星级档次越高，康乐设施项目的数量越多，反之亦然。康乐设施的作用如下：①评星的需要；②提高饭店对客服务档次；③提高客房入住率；④带动其他项目消费；⑤增加市场竞争力；⑥使饭店固定资产增值。

# 6.2 康体项目

## 6.2.1 健身房

### 1. 位置选择

如图 6-1，健身房位置应设在健身设施楼层，客人容易走到，而不是找到，客梯可直接到达，以方便客人。健身房宜设在向南位置，室外有风景最好。外窗采用落地玻璃，内侧加防护隔栏，可用铁艺美化。

图 6-1　健身房

### 2. 空间要求

根据饭店要求,面积在 30～100$m^2$ 之间,层高在 3m 以上。

### 3. 健身房内功能布局及装修

健身房功能布局分四个区进行。更衣区:一般设在入口附近;伸展区:让客人在锻炼之前,伸伸腿、弯弯腰,预热一下身体;心肺功能区:靠窗口一侧,将脚踏车、跑步器、划船器等放在此区域;体能训练区:此区域的设备放置要宽敞一些,有伸展的余地,其中主要有练习举重、仰卧起坐、胸肌练习、引体向上的设备等;注意将哑铃放在靠拐角处。健身房地面可采用软、硬地面或软硬组合。健身舞区域用硬地面,如实木地板等,下层加减振材料。

健身房内装修以简约风格为主。如果空间有限,可以考虑在一面墙上装玻璃镜,以扩大视觉空间。如果设置健身舞区域,则在其附近设一面镜子,供练习者自我欣赏;还可以设瑜伽练习区域。健身房镜子上方设置空调送风口,为防止镜面结雾(露),可在镜子的背面预埋电热丝。

健身房内照明应用暖色调灯光照明,照度在 100～150lx。健身房内空调应适宜,新风量大于 30$m^3$/人·小时。健身房内电视机可用落地式背投或 LCD 电视,背景音乐曲调、音量应满足客人的要求。还可以设置一个小吧台,提供饮料、点心或水果等。

### 4. 健身设备选择

选择健身设备时应考虑客人的需求,不应照搬别人的模式。健身设备应简单、易用、新颖,如可以选择健美踏(模拟爬楼梯),既可减肥健身,又可以使人长寿;还有太空行走器、卫舒宝、日光浴、模拟攀岩等具有新意的项目。

### 6.2.2 球类设施

#### 1. 乒乓球

乒乓球设施如图 6-2 所示。

图 6-2 乒乓球室

#### 2. 台球

台球室位置一般选在康体项目楼层，靠近健身房、乒乓球室，主要分英式（见图 6-3）、美式台球（见图 6-4）。英式台球规格为 12 英尺，美式台球规格有 7、8、9 英尺三种。台球室面积，以一张英式球台为例，一般在 40 平方米左右，如果设置两张球台，相邻两球台之间的距离在 1.6m 左右，面积相应增加。

图 6-3 英式台球

图 6-4 美式台球

3. 保龄球

如图 6-5,保龄球是常见的健身设施,它由几个部分组成:发球区、球道区、置瓶区和计分器等。

(1) 球道尺寸

标准长度为 36m,最小长度为 31m;每个球道宽度为 1.72m,球道为偶数,保龄球馆高度为 3.2～3.5m。

图 6-5 保龄球馆

(2) 保龄球馆装修要求

保龄球馆装修要美观、舒适,令人流连忘返。具体要求有:左右两侧墙不要都装镜子；球场内两侧留有空间，方便维护保养；发球区内不要有柱网；发球区内灯光用暖色调，避免较强光线直射客人；电脑计分区域不铺地毯，以防静电；电脑计分显示器，落地式尺寸为13英寸，悬挂式尺寸为27英寸。

(3) 保龄球设备保养建议

保龄球设施属于高科技产品，特别是球瓶区的置瓶器（机器人）是保龄球设施的心脏部分，其造价占整个设施的50%，因此其保养极其重要，饭店在日常运行管理工作中，要派专人进行保养，负责保养的员工事先要进行学习，并接受培训，在掌握一定技能以后方可进行保养。平时多做预防性保养工作，即以计划保养为主。以下提供的保养建议，供实际工作中参考。

| 保养检修内容 | 要　求 |
|---|---|
| ① 提瓶机部分 | |
| 机架 | 外部无污迹，完好无损 |
| 球瓶翻转器 | 翻转正常 |
| 瓶铲 | 翻转正常 |
| 顶部驱动装置 | 运转灵活、无损 |
| 瓶滑槽 | 运转灵活 |
| ② 传送带装置 | |
| 金属机架 | 结构完好、无缺件 |
| 三块支撑板 | 缓冲垫完好、支撑板螺栓皮垫完好 |
| 两个滚轮 | 轴承完好，左右调节均匀 |
| 调节螺钉 | 完好、无缺件 |
| 瓶溢出槽 | 无缺件、螺栓不外露 |
| 球垫 | 完好 |
| ③ 球加速器 | |
| 机架 | 正常、无松动现象 |
| 马达托架总成 | 无松动、振动现象 |
| 球门总成 | 完好 |
| 球门锁总成 | 完好、闭合正常 |
| 平皮带张力器 | 张力适中 |
| 平皮带滚轮 | 运转灵活 |
| 回球轨道 | 干净、无松动、无破损 |
| ④ 飞瓶清扫总成 | |
| 清扫托板 | 干净、无松动、无破损 |
| 清扫轴 | 干净、无磨损、加油 |
| 清扫曲轴 | 干净、无磨损、加油 |
| 清扫衰减器 | 干净、加油 |
| 枢轴臂 | 干净、加油 |

| | |
|---|---|
| ⑤ 放瓶盘<br>　放瓶盘机架<br>　央瓶器<br>　央瓶器轴<br>　放瓶钳<br>　瓶合器<br>　左侧放瓶钳、放轴<br>　及锁销总成<br>　右侧放瓶钳及放轴装置 | <br>干净、上下灵活、加油<br>干净、翻转正常<br>干净、加油<br>干净、灵活<br>干净、灵活<br>干净、灵活<br>干净、灵活<br>干净、灵活 |
| ⑥ 飞瓶分配器 | 干净、灵活、皮带松紧适中 |
| ⑦ 球提升机 | 无松动现象、皮带适中、皮鼓轮完好 |
| ⑧ 球槽道 | 无缺损螺栓，平整无凸出现象 |
| ⑨ 电器部分<br>　开关凸轮总成<br>　各线槽固定<br>　各限位开关<br>　各电磁阀<br>　光电管部分<br>　球员控制台<br>　高压接线盒<br>　中央控制盒<br>　公用接电盒<br>　各电缆线 | <br>干净、完好<br>完好、无松散现象<br>灵活、完好<br>灵活、完好<br>干净、灵敏无松动<br>完好<br>接线头无松动现象<br>接线头无松动现象<br>接线头无松动现象<br>无松动、拖拉现象 |
| ⑩ 球道 | 每天清洁、保养 |

## 4. 网球

网球场设施如图6-6所示。

图6-6　网球场

(1) 朝向

网球场南北向为宜(标准球场),如果是练习球场(一楼或屋顶),朝向不限。

(2) 尺寸

长度:23.77m;宽度:单打为 8.23m;双打为 10.97m,见图 6-7。

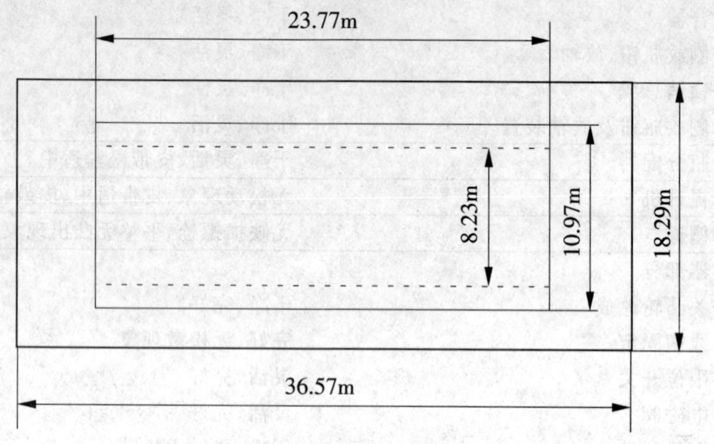


图 6-7 网球场尺寸

(3) 其他要求

地面按要求施工;人造草坪疏水速度快;拦网高度 4.5～6m;照明灯杆高度 6m,设 8 盏照明灯。

模拟网球是近年出现的项目,它类似于模拟高尔夫球挥杆,在有限的空间内能够体验打网球的效果与乐趣。场地尺寸为长 9m,宽 6m,高 3m,整个球场面积是正式球场面积的 1/12,一般饭店均能满足要求。

## 5. 模拟高尔夫球

室外 18 洞高尔夫球场面积一般为 2 000 亩左右,投资上亿元。对饭店来说比较实用的是设模拟高尔夫球,见图 6-8。有两种方式,一是在 1 000 平方米左右的面积内,设置如下项目:果岭推杆区,模拟挥杆区,电脑模拟器,培训、学习区,用品专卖店,餐饮消费区等;二是只设模拟挥杆区,面积要求:长度为 5m,宽度为 4m,高度为 3.3～3.5m。

## 6. 壁球

新建饭店可以考虑设壁球室,其尺寸为长 9.75m,宽 6.4m,高 5.7m,布局如图 6-9。

## 7. 沙弧球

沙弧球(shuffleboard)源于 600 多年前的英国,是一项高雅的休闲项目,它将

图 6-8 模拟高尔夫

图 6-9 壁球

参与、游戏、智慧、挑战于一体，老少皆宜，见图 6-10。场地要求：以一张球台为例，面积为 25～30$m^2$，高度在 3m 左右。球台规格：长度为 6.7m，宽度为 0.85m，高度为 0.85m。

8. 弹子球

弹子球设施如图 6-11 所示。

图 6-10 沙弧球

图 6-11 弹子球

## 6.2.3 游泳池

### 1. 游泳池类型

(1) 室外游泳池。

比赛池长度为 50m，宽度为 21m；跳水池长度为 25m，宽度为 21m；练习池尺寸不限。对饭店来说室外游泳池如受面积所限,达不到正规游泳池的尺寸,可以作练习用池,尺寸、形状任意。游泳池水面宜与地面平齐,有"热情洋溢"之感觉,让客人入池后有亲水的欲望。池内设深、浅水区,并有标志。池底设循环水进出口,最深处设有排水口。设有入池扶手。

室外游泳池可设在客人不经过的大堂等前台区域。如果靠马路,则在临近马路一侧做一些遮挡,如种植绿色植物。室外游泳池方位以朝南,有阳光为宜;设有更衣室、卫生间、淋浴、过脚池、休息椅、水吧等;配水处理设备机房。室外游泳池水质标准为:PH 值为 7.1～7.4;杂菌数允许数为 1 000～10 000 个/ml。

(2) 室内游泳池。

如图 6-12,室内游泳池位置宜与健身楼层在一起;室内游泳池尺寸任意,以曲线形为主;水面要求同室外池;配套设施类似室外池,但需要注意以下几点:一是室内池屋顶做成圆形或人字形,以防冷凝水滴在客人身上;二是室内池内送、排风符合要求,在室内池内不要有桑拿房的感受;三是水处理系统工作可靠。室内游泳池的水温设定在 26℃。

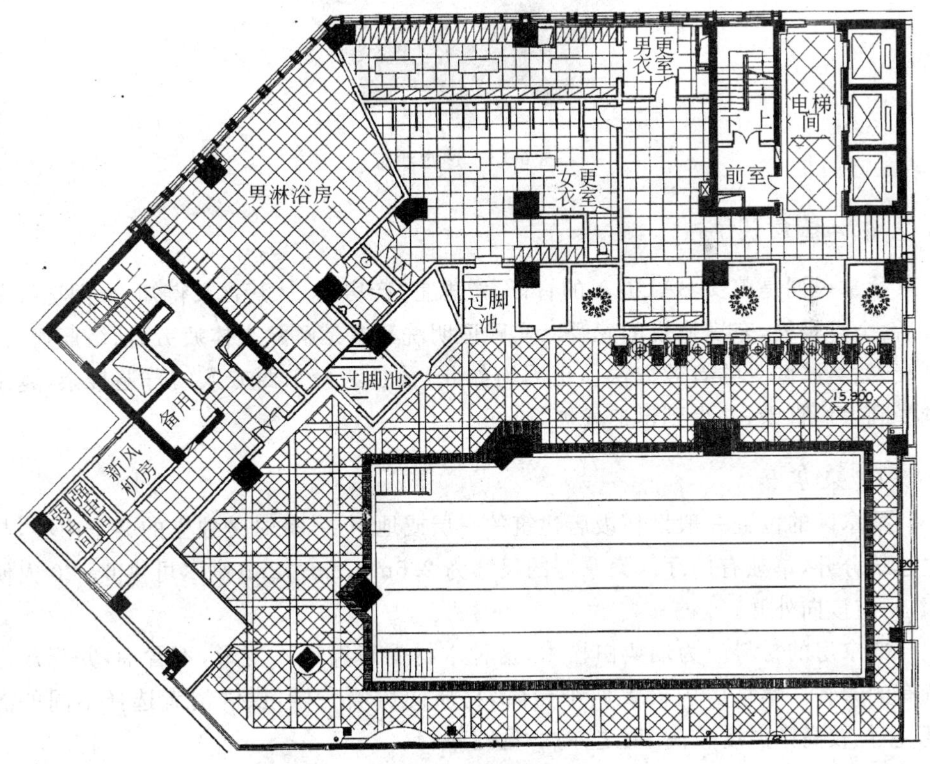


**图 6-12 室内游泳池**

2. 游泳池水处理系统要求

室外、室内游泳池水处理系统必须符合要求：一是过滤沙缸配置两套以上，且工作可靠，见图 6-13；二是水处理系统过滤容量要求在 8 小时内将全部池水过滤一遍；三是设有探头、自动加药控制装置；四是加温的水也要过滤。为了提高水处理效率，可借助于水老鼠（水下吸尘器）先对池底进行预吸污垢，然后进行过滤循环。

图 6-13 过滤沙缸

## 6.2.4 桑拿设施

桑拿一词是英文 SAUNA 的音译，意思是“产房”。从其含义得知，人们洗过桑拿后，全身轻松，充满愉悦的感受。实践证明洗桑拿是解除人体疲劳、活络筋血、减缓衰老、美肤健身的有效方法。正因为如此，桑拿获得东西方人的普遍推崇，越来越受到人们喜爱，并得到迅速发展。

1. 桑拿房

桑拿区的位置一般设在饭店建筑的一层或地下层，有时是独立的桑拿中心，与主建筑分开，单独有门厅。桑拿房的尺寸为 2.5m×2m×2m（高），可供 6～20 人使用，门应该向外开。

桑拿房的材料应为瑞典白松木，这种木材受高温后不变形，不冒油，并释放出特有的芳香。桑拿房内设置两个台阶，材质同房墙一样，供洗浴者选择不同的温度，座位较高则温度较高，反之亦然，见图 6-14。

桑拿房的加温是由专用的桑拿炉来进行的。出于安全考虑要选用炉身带保护层的产品，外形见图 6-15。桑拿炉内主要有电加热蛇管，桑拿石置于电热管之间及上部，加热原理如下：接通电源后，电加热管升温并加热桑拿石，这时炉体内形成热空气由下往上流动，使桑拿房也形成循环的热空气，将房内温度加热到设定的温度。

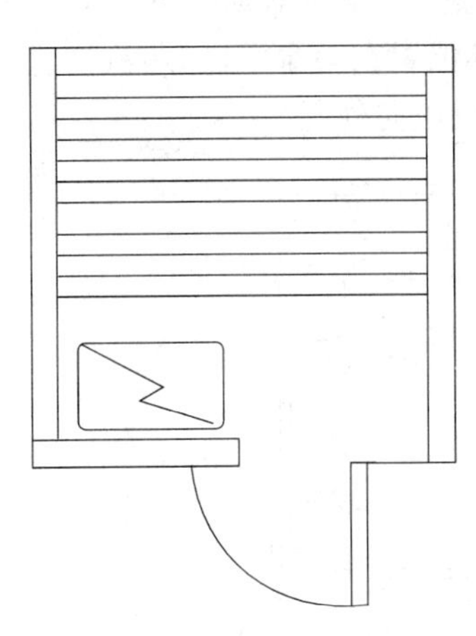

**图 6-14　桑拿浴房布局**

**图 6-15　桑拿炉**

桑拿炉温度控制一般采用两段式接线方式。刚开始加温时，让两路一起工作，当温度达到设定值时，自动停止一路工作，工作的一路随着房内温度，自动控制电路工作与否。这样做既能控制温度，又能保护桑拿房木材不会被烤焦，同时还能节约电能。

桑拿房内还设置"桑拿小品"，如温度计、湿度计、沙漏、盛水木桶、浇水瓢等见图 6-16，还可以增加香熏材料，如艾叶等。桑拿房内还应设有新风口。灯光照明宜用暖色调，且用间接光，照度在 50lx。

桑拿房温度：东方人使用的桑拿房设有高低两种，即高温 95℃～110℃；低温：80℃～105℃；欧美人喜欢 90℃～105℃的温度。注意桑拿房内湿度为：0%。

**图 6-16　桑拿小品**

### 2. 蒸汽浴

蒸汽浴也称湿蒸(如图 6-17),这种洗浴感受与桑拿有所不同。其主要区别在于:不像在桑拿房有烘烤的感觉,却很潮湿;其位置在桑拿湿区,蒸汽浴房的尺寸为 2.5m×2m×2m(高),可供 6～20 人使用,门应该向外开。

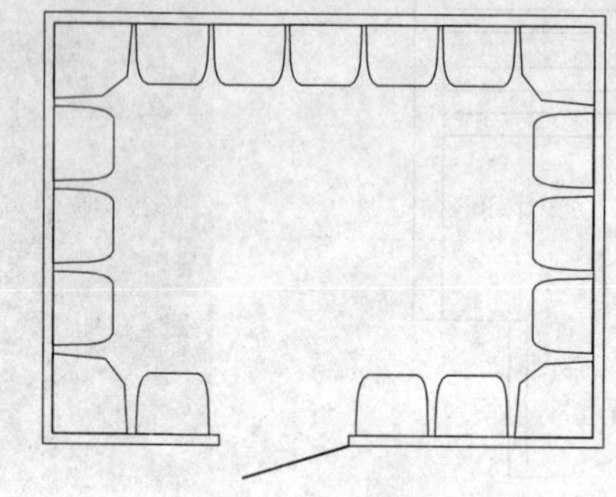

**图 6-17 蒸汽浴房布局**

蒸汽浴房材料采用无毒聚乙烯塑料(航空用)。蒸汽房内部座位设成三边排列型式。蒸汽浴加温源为蒸汽,由专用蒸汽发生器或饭店锅炉房提供。蒸汽房内应设新风口,灯光用暖色调,照度为 50lx。

## 6.2.5 桑拿区功能布局

前述的桑拿浴、蒸汽浴、再生浴房必须合理地布局在桑拿区才能让客人方便地使用。桑拿区功能布局的合理性不仅让客人愿意消费,而且方便整个桑拿区运作管理,还能节省经营费用,创造更好的经济效益。另外,湿区面积要合理选择,一般根据桑拿项目规模来决定,除大规模的桑拿中心外,一般不超过休息区面积。桑拿区布局见图 6-18。①

桑拿区首先要做到干、湿区分开;其次是客人、服务通道明确,两者尽量不交叉,各自的流程通畅。

干区部分有:一次更衣、二次更衣、休息区、按摩区。

湿区部分有:洗手间、淋浴、桑拿浴房、蒸汽浴房、再生浴房、搓背区、三温池等。湿区内功能布局有专业要求,现给予说明:湿区入口处设置洗手间、淋浴区;因桑拿房耗能较大,一般放在墙角处,便于保温并避免对其他区域的影响。蒸汽浴房、再生浴房(如果设置)放在桑拿房的两侧。三温池位置设在桑拿房的对面,其中冰水池离桑拿房最近。搓背区放在湿区的拐角处。

三温池是桑拿项目必不可少的设施之一,可以这么说:“没有三温池的桑拿称

---

① 本图为一名高职三年级学生为一家桑拿中心设计的布局实例。

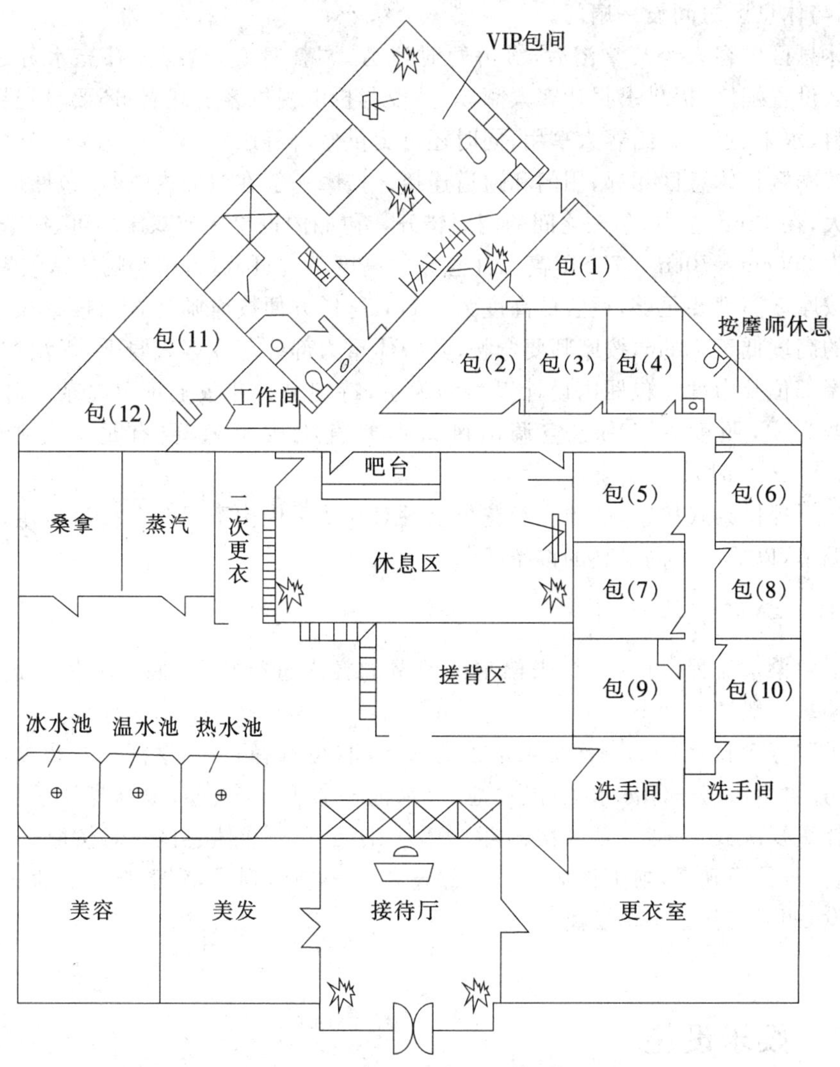


图 6-18 桑拿区功能布局

不上真正意义上的桑拿。"桑拿的真谛在于桑拿房与三温池中的冰水池匹配,皮肤经过热与冷的膨胀与收缩,方能恢复弹性。三温池的温度分别为:冰水池:5℃～10℃;温水池:35℃～40℃;热水池:40℃～45℃。之所以设不同的温度是为了满足那些不适应冰水池温度的客人。三温池还具备水力按摩功能,从池壁按摩孔喷出的水气混合体对人体进行保健按摩。

二次更衣区是连接湿区与休息区的过渡区域,其作用是干身及更衣后进入休息区。客人在此更换的衣服是由饭店提供的浴衣,而不必让客人再一次回到更衣区穿自己的衣服。二次更衣区面积不一定很大,一般在 6～10m$^2$,放一些座位、布草架，与休息区之间设一扇门。

休息区供客人经桑拿浴后，缓解暂时疲劳，调整身心，给身体补充水分之用。休息区设置躺椅，提供书报让客人阅读；并设背投电视供客人观看；还要设吧台，提供饮料、水果、点心等给客人享用；同时还可提供修脚等服务。

按摩区与休息区相邻，用门和通道连接。按摩一般在包厢内进行，包厢面积不宜过大，在 $12m^2$ 左右，包厢之间的门要错开。包厢内设单床或双床均可，按摩床的尺寸为 200cm×70cm×75cm（高），注意床的高度不宜过低，否则影响按摩效果。

按摩床高度要足够，适宜的高度为 75cm，这样方便按摩师为客人按摩操作；如果床的高度低于 70cm，按摩师要弯腰，其身体重力部分落在客人身上，无法控制手的按摩部位及力度。包厢内设计以简约为主，特别是天花板上不要复杂。灯光以暖色调为主，照度在 50lx。空调出风口不要直吹按摩床，要有足够的新风量（$30m^3$/人·小时）。

如果提供泰式按摩，必须在天花板上设双杠扶手供按摩师踩背按摩时用，且高度能调节，以适应不同身高的按摩师。

### 6.2.6 桑拿流程

了解桑拿流程，可以对初来桑拿区消费的客人进行指导，使客人尽快进入角色。桑拿一般流程如下：

①服务台接待—②一次更衣区—③洗手间（可选择）—④淋浴—⑤桑拿房/蒸汽浴房/再生浴房—⑥冰水池/温水池/热水池—⑦重复⑤、⑥（根据身体承受程度来选择重复次数，一般 5 至 8 次循环）—⑧二次更衣—⑨休息区—⑩按摩区（可选择消费）—⑪回到⑧，换下饭店浴衣—⑫选择④—⑬回到②，穿上自己衣服—⑭梳理头发—⑮回到①，买单后离开。

## 6.3 娱乐设施

### 6.3.1 电脑游戏

电脑游戏区域与客房等相对安静的区域分开，如有条件，可不从大堂进出，另设进出口，注意安全通道畅通。电脑游戏替代了以往的普通电子游戏、电子模拟机，电脑游戏随着 IT 技术的发展而不断推陈出新。电脑游戏在 IT 终端——电脑上，用各类游戏软件进行娱乐，有些软件还融商业、金融、益智类内容于一体，老少皆宜。

### 6.3.2 射击游戏

如图 6-19，作为配套项目饭店可以设置射击游戏，一般应设两台以上。射击游戏是电脑技术与机电一体化技术相结合的产物，空间、投资有限，管理方便。

图 6-19　射击游戏

### 6.3.3　舞厅

舞厅作为对客服务配套设施，其位置应考虑对客房区域干扰较少，考虑到经营因素，舞厅面积根据本饭店配套要求。舞厅不宜做成固定模式，可考虑采用积木式，可大可小。舞厅应配置音响、化妆间、储藏室、吧台等。舞厅装潢、音响、灯光设计一般由专业公司来做。

### 6.3.4　KTV

KTV包厢位置与娱乐区域靠近，包厢面积按大、中、小设置，装潢档次也按高、中、低搭配，这样有利于经营。注意各包厢的门要错开，高档包厢可以设洗手间，注意洗手间内排扇工作状态应为真排风，防止娱乐区域空气污染。包厢内电脑点歌机宜采用压缩编码式机型，无需歌本，电脑硬盘容量在60G时，可以储存5 000首歌曲，音质画质优美。可通过鼠标、触摸屏、遥控器来操作。无须网络设备与布线，可即装即用，系统独立运行。

## 本章小结

本章主要介绍了三部分内容：康乐设施的作用、康体项目和娱乐设施；主要介绍了健身房，重点掌握其位置选择、健身房内功能布局及装修和健身设备选择；还介绍了球类项目，其中“保龄球设备保养建议”实操性很强，应较好地掌握；桑拿设施是本章重点内容，也具有实际操作性，主要掌握桑拿区功能布局；对娱乐设施有所了解。

## 思考与练习

■ 概念与知识

□ 主要概念

康乐设施作用　健身房　桑拿　湿蒸　三温池　桑拿流程

□ 选择题

1. 为了方便客人健身，健身房位置要求(　　)。

A. 客人直接走到　　B. 客人直接找到

C. 服务员指引客人到达　　D. 客人看服务指南后到达

2. 根据饭店要求，健身房面积在(　　)$m^2$。

A. 10～20　　B. 20～30

C. 30～40　　D. 30～100

3. 桑拿房内湿度为(　　)。

A. 100%　　B. 80%

C. 50%　　D. 0%

4. 三温池中的冰水池温度为(　　)。

A. 20℃～26℃　　B. 5℃～10℃

C. 20℃～21℃　　D. 18℃～23℃

□ 简答题

1. 健身房分几个区域？

2. 游泳池水处理系统要求有哪些？

3. 桑拿湿区有哪些设施？

■ 分析与应用

□ 分析题

1. 健身房功能布局分几个区，其功用如何？

2. 温控器有几部分组成，其作用如何？

3. 室内游泳池注意事项有哪些？

□ 应用题

1. 参观星级饭店的康乐设施。

2. 对一家五星级饭店健身房进行功能布局。该健身房位于四层，朝南，其面积为 $80m^2$。

3. 大方饭店桑拿城定位为中高档次消费，其面积为 1 $500m^2$(分一、二两层)，试对其进行功能布局(徒手画)。

**选择题参考答案**

1. A　　2. D　　3. D　　4. B

# 第7章 饭店工程管理实务

### 学习目标 》

本章内容是饭店工程管理的主要内容，更侧重于设备保养方法、工程运行管理和节能，特别是饭店工程运行管理实务范例。主要学习内容有：工程管理的作用、员工的职业素质、设备保养方法、团队精神、设备档案管理、饭店设备合同维修管理、工程部运行管理、组织架构、饭店节能措施和饭店工程运行管理实务范例。

### 知识要点 》

工程管理的作用；员工的职业素质；全员保养；团队精神；设备档案管理；饭店设备合同维修管理；运行管理中的组织架构、岗位职责、工作程序、管理制度、运行表单；饭店安全管理10条；运行注意事项；维修单安排；保障前台正常运转应急维修技巧；饭店节能措施。

### 技能要求 》

掌握组织架构的画法，在A4图幅上，画出200个、300个房间规模饭店工程部组织架构；掌握保障前台正常运转应急维修技巧；熟知5个岗位主要职责；掌握10条饭店节能措施。

引例

### 新郎困在饭店电梯里

新郎沈先生和新娘大喜之日在一家高星级饭店 18 楼订了一间迎接新娘的婚房。没想到喜事当日新郎被困在饭店电梯里，为了在 12 点钟之前把新娘接回家，新郎只好节省时间，把新娘从饭店"抢"回家。

客人被困电梯的事时有发生，多数饭店管理人员从酒店开业时就非常重视，按行业管理的规定和程序来实施对电梯的运行与管理，从而最大限度地杜绝电梯困人事故的发生，保证客人的安全。但不少饭店缺乏服务理念，疏于对电梯的运行管理，将客人困在电梯里，而且超过客人能够承受的时间，给客人心理上带来了伤害。

对电梯的运行管理应注意以下几点：①饭店运行管理中对电梯管理要足够重视，始终让电梯处于正常运行状态，保证客人安全；②在电梯的保养维修方面，利用合同的方式，由专业公司来进行；③酒店平时对电梯进行清洁保养，并培训专职人员，使之学会在电梯困人时如何"放人"（见本书 3.5.8 小节电梯困人放人程序），一旦电梯困人，要在 20 分钟内放人。

## 7.1 工程管理的作用

饭店工程管理以全员保养、节能增效为中心。饭店业被称为朝阳产业，中国饭店业起步于 20 世纪 80 年代初，但其发展的速度在世界饭店史上是有目共睹的，目前已有星级饭店一万三千多家，并且制定了具有中国特色的星评国家标准：《旅游饭店星级的划分与评定》，它将饭店的档次从高到低划分为：白金五星级、五星级、四星级、三星级、二星级、一星级。中国饭店业还是改革开放时期最早与国际接轨的行业。饭店经营管理是一个复杂的过程，可分为两大部分：硬件和软件，前者是经营管理的基础，后者是经营成败的重要因素，两者的作用不可分开，饭店工程管理侧重于硬件范畴。饭店工程代表着饭店硬件水准和提供给客人消费氛围。

饭店工程管理的具体作用如下：

(1) 保证饭店设备设施正常运行，使饭店有良好的经营氛围；

(2) 保证设备设施安全；

(3) 对设备设施进行预防性保养维修，延长其寿命，节省费用；

(4) 负责对各部门设备设施使用、保养进行监督、考核，提出奖惩建议；

(5) 负责设备更新改造，有利于饭店经营；

(6) 实施节能降耗方案制订，督促各部门实施，并进行监督、考核，提出奖惩建议;为饭店创造纯利润。

## 7.2 饭店工程部门员工的职业素质

### 7.2.1 服务意识要求

(1) 快速反应意识:对客人、前台、其他部门的要求做出快速反应。

(2) 主动意识:主动做好预防性保养维修,努力将故障消灭在萌芽状态,保证饭店正常运转。

(3) 高质量意识:以精益求精的态度进行保养维修,使前台区保持全新状态。

(4) 减少饭店弱点的暴露:尽量在客人面前少暴露饭店的弱点,如影响对客服务的维修,白天不摆阵势,做好准备工作,夜深人静的时候偷偷地干,让客人毫无觉察。

### 7.2.2 职业素质要求

(1) 坚持高质量服务标准:以精益求精的态度进行设备的保养、维修工作。前台区要保持全新状态,树立高质量标准。

(2) 真正做到"客人第一":坚持"客人喜欢的,就是我们要做的",一切围绕客人转,不与客人争高低。

(3) 工作重点在前台区:前台区维修要体现优先、快捷、高质、卫生的要求,由业务熟练、干活精明的技工去完成。

(4) 时间安排要灵活:尽量少打扰客人,找适当时机修理,如客房维修可以等客人外出后进行;水管破裂后,白天采取应急措施,待夜间突击更换。

(5) 注意文明卫生:维修现场放置醒目的安全标志牌,现场范围尽量小。在有些场合,还要采取保护措施,如先铺床单、后施工。完工后,及时清理垃圾,做好场地清洁工作,给人的感觉是这里未做过修理工作。

(6) 仪容礼节:仪容整洁,店牌佩戴醒目,尽量走员工通道,遇到客人要礼貌、主动让道;进客房主动打招呼。

(7) 理解其他部门工作:不要埋怨其他部门员工。如到现场维修时说:"你们不懂,瞎开,以后坏了,别找我们",等等。工程部员工要理解有些设备故障不是人为的,是设备本身就已隐藏着的,只不过是没有发现或暴露而已。这本身是本部门工作未做到位(预防性保养、检查维修时未发现),要互相理解,与其他部门配合工作。

(8) 节能不能降低服务标准:不能为了节能损害客人的利益,节能要从管理上动脑筋。例如,热水、空调冷、热水供应都须按规定要求开足热交换器、空调机组。

## 7.3 设备保养方法

饭店全体员工对设备保养都负有重要责任。实践证明：成功的饭店在工程管理方面，实施了全员（从总经理到员工）保养设备的措施：**"使用者必保养，保养者必及时。"**只有使用设备的人，对设备的状况、缺陷最为清楚，因此由他们随时注意观察，即时保养最方便，管理成本最低。设备保养维修工作只有预防，才有出路。如果预防保养维修工作平时少做或不做，必然使后来的维修量加大，难度及费用提高。保养工作不仅是工程部的事，饭店其他部门也有责任。

正确理解自动化设备，任何自动化设备都是在使用者的保养维护之下才能正常运行。自动化功能并不代表操作人员对该设备没有保养维修责任。应理解为有了自动化，只能避免重复的机械劳动，使技工有时间做预防性保养维护工作。如果没有按要求去操作，自动化功能的寿命会缩短，有时自动化问题比手动还难解决。

下面举两例来说明全员保养的重要性。

**案例 1**：客房内电水壶是普通电器，客人常投诉电水壶内水垢很不卫生。我们看图 7-1 不知道是什么东西，也许有些毛骨悚然的感觉，再对比看一下图 7-2 就不难知道，这是客人用的电水壶。再分析一下，水壶内水垢结到这个厚度，可不是一天两天造成的。这个厚度的污垢去除是有点费事，但如果当初使用全员保养方法，半年做一次除垢是非常容易的：只要倒入适量食用醋，10 分钟就可清除水垢，而且让水壶内光亮如新。每半年做一次除垢，电水壶内再不会有让客人不开心的水垢存在。

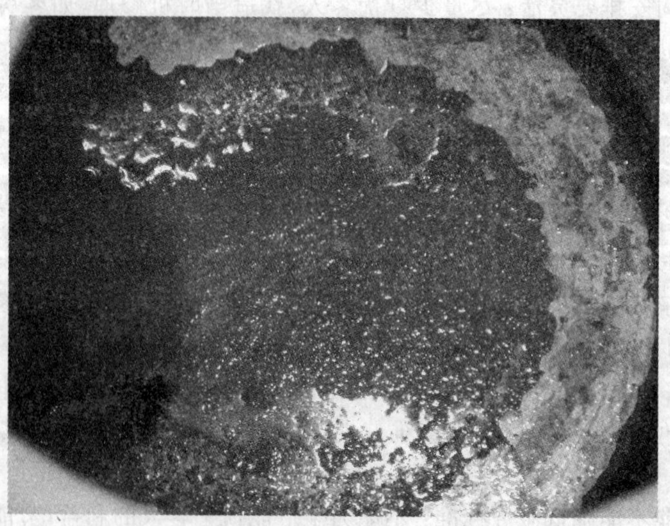

图 7-1　目不能睹

图 7-2　水壶内结的水垢

**案例 2**：图 7-3 为一家四星级洗手间台盆水龙头，从图中可以看出水喷的很急，溅到客人脸上、化妆镜上，而且水流还偏向左边，给客人留下不好的印象，给客人的感觉是这家饭店管理有问题，细微之处没到位。这一现象存在两方面问题：一是台盆下面的冷、热水三角阀（位置为右冷左热）没有调到合适温度；二是水龙头出水口过滤网长期使用没有清洁，导致污垢物积聚，有时体积有一角硬币大小，影响出水。上述问题不必由工程部来维修，客房部员工就可以解决：调节台盆下冷、热水流量大小两分钟；清洁水龙头过滤网处污垢物，并冲洗过滤网（只要 10 分钟）。这种操作是通用做法，适用于饭店、家庭及其他有水龙头的场所，这样做不仅改变水龙头出水效果，更重要的是可以节省水资源。

图 7-3　出水过滤网堵后出水偏向一边

## 7.4 工程部的团队精神

饭店内一个部门管理得好是不够的，要强调全局，讲整体利益。各个部门要有协调精神，一切为实现饭店总目标而奋斗。工程部要与其他部门之间保持良好的合作与沟通。

(1) 工作放在第一位，顾全大局：考虑问题要站在别人位置上；发生差错时，不可随意指责对方，想想自己部门有哪些做得不够，应该承担哪些责任。

(2) 执行规章制度：工程部员工不要认为自己有技术，别人有求于自己，就在工作中摆架子，或作为条件，谋取好处，如果得不到满足，就置工作而不顾，或完成工作质量不高。这是严重违反规章制度的表现。

(3) 建立部际之间的平等地位：饭店各个部门的任务、职责虽然不同，但总目标是一致的，因此不可认为本部门重要，其他部门次要。饭店的每个部门都是根据经营的需要而设置的，所谓的“前台区、后台区”，是饭店经营中人为规定的，是按照对客服务的需要来划分的，如果将其理解为前台区重要，后台区次要是错的，用这样的观念指导工作，那么饭店经营就会失败。

(4) 工程部经理以身作则：工程部经理的态度和表现直接影响本部门员工的态度和表现。自己要严格要求自己，注意言行举止，平时教育员工，重视部际关系。

(5) 理解沟通是解决问题的最好方法：工作中出现问题，在不了解问题实质的情况下，不要轻易定论或指责对方。在碰到问题时，先主动沟通，理解其他部门的工作，在维修工作中，一时解决不了问题(如无备件)，要说明原因，得到对方理解。

## 7.5 设备档案管理

档案是汇集和积累设备运行状态的最基本技术资料，是提供分析研究设备在使用期改进，探索管理和检修规律，增加对设备的认识和了解，提高维修和管理水平的有力依据。

### 7.5.1 设备建档的重要性

(1) 设备建档是汇集和积累设备运行状态记录的基本工作。

(2) 设备建档是提供分析研究设备在使用期内改进的主要依据。

(3) 通过设备建档，可以探索管理和检修的规律，增加对设备的认识和了解。

(4) 通过设备建档，可以提高维修和管理水平。

(5) 设备档案是反馈设备制造质量和管理质量信息的重要依据。

(6) 设备档案不仅是饭店的史料，而且是管理者的重要资料。

## 7.5.2　建立设备登记卡

登记卡是设备管理的主要依据，每一台设备都应设立一张登记卡。

(1) 设备登记卡的内容

① 设备名称、作用、型号。

② 生产厂家、名牌数据、设备附件。

③ 设备安装地点。

④ 估计使用年限，易损件名称及规格、维修要求。

(2) 保养、维修、故障记录内容

① 对故障现象进行分析，找出导致本次故障的原因。

② 修理的具体方法、更换的备件。

③ 技术参数方面的情况。

## 7.5.3　设备档案内容

(1) 设备出厂合格证，设备使用说明书。

(2) 设备安装质量检验单及试车记录。

(3) 设备运行数据记录。

(4) 事故报告及事故修理记录。

(5) 维护保养记录，修理内容，更换零部件名称。

(6) 设备检查的记录表。

(7) 设备拆装和修理现场照片。

(8) 设备改进和改装记录。

(9) 零部件备件清单。

(10) 其他有关技术资料。

## 7.5.4　档案管理操作程序

(1) 点数；

(2) 登记(电脑)；

(3) 整理；

(4) 分类；

(5) 立案；

(6) 编目；

(7) 典藏；

(8) 防护；

(9) 应用;

(10) 定期清理。

## 7.6 饭店设备合同维修管理

### 7.6.1 合同维修及特点

将饭店重要的设备,如电梯、冷冻机组、空调系统、洗衣设备、锅炉等保养、维修工作以合同的形式交由专业公司来做,即为合同维修。合同维修具有以下特点:

(1) 保证设备正常运转,减轻工程部压力。

(2) 解决了自修时因无备件而“望机兴叹”的被动局面。有时自己能找出毛病,但无配件,只好停修,到处找配件,影响正常运行。

(3) 交学费,学技术。

(4) 饭店人员编制可减少。

### 7.6.2 履行合同期间的监督与管理

在履行合同期间,应注意以下几点:

(1) 负责人对照合同条款,逐项监督与管理。

(2) 有关人员“跟班学习”,掌握所需的专业技术。

(3) 对方提出的“技改”方案,应认真对待,不能盲从。

## 7.7 工程部运行管理

每个饭店都有适应自身运行的管理模式,当这个模式确定后,就要制定整个饭店和各部门的运转系统,这个系统就是饭店管理软件,也称为运管手册,它是饭店运行管理的基础部分。运管手册有五部分内容:组织架构、岗位职责、工作程序、管理制度和运转表单。以下作以简介,关于工程部运管手册的具体内容,见本书第8章“饭店工程运行管理实务范例”。

### 7.7.1 工程部组织架构

(1) 按专业系统设置:如图 7-4,这一模式用得较多,它特别适用于新建饭店。

(2) 按管理性质设置:如图 7-5,饭店设备管理内容可分为两部分:①设备运行管理,②设备维护和检修。

(3) 中大型饭店工程部常用组织架构:如图 7-6,饭店设备管理内容可分为三部分,分工明确,有利于提高管理效率。

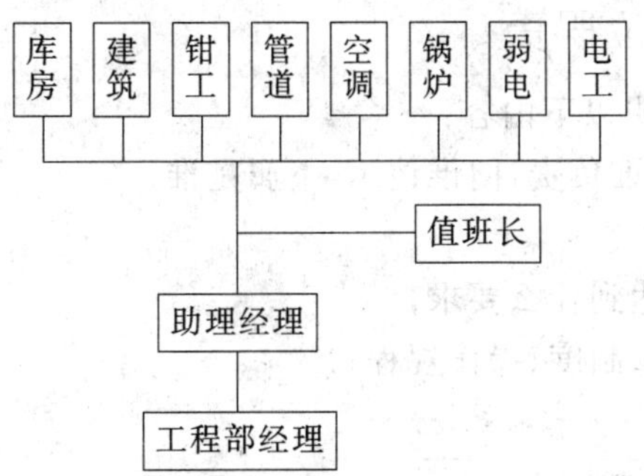


图 7-4　按专业系统设置的组织架构

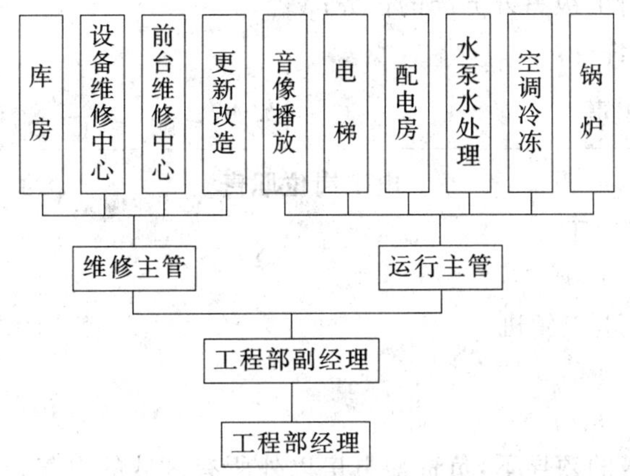


图 7-5　按管理性质设置的组织架构

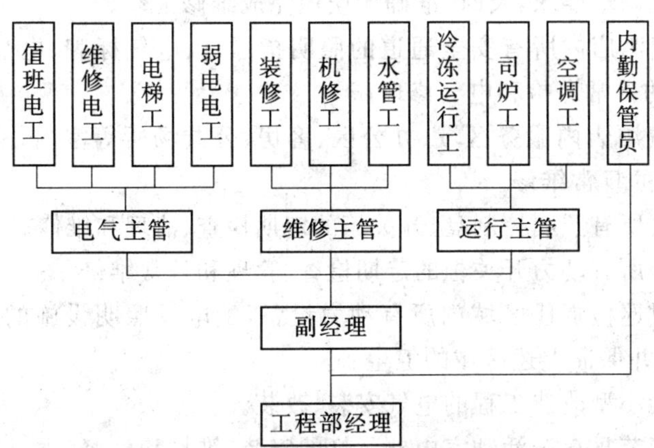


图 7-6　中大型饭店工程部组织架构

## 7.7.2 工程部岗位职责

岗位职责主要说明以下内容：

(1) 岗位名称，对谁负责，向谁请示，下属是谁；

(2) 负责范围；

(3) 使设备管理达到什么要求；

(4) 遵守哪些规章制度、操作规程；

(5) 节约精神；

(6) 仪容礼貌要求；

(7) 环境卫生要求；

(8) 如何帮助其他工种工作；

(9) 如何执行上级另外分配的任务；

(10) 任职条件等。

**实例：电工岗位职责**

**电工岗位职责**

**岗位名称：**电工

**岗位级别：**

**直接上司：**电工领班

**管理对象：**

**岗位提要：**

在电工领班的领导下，负责配电房以外所有区域的电气设备、照明设施的保养及维修工作，使其始终处于优良的工作状态。

**具体职责：**

(1) 按维修单要求，及时、准确无误地完成维修工作。

(2) 负责酒店内所有安全通道的照明指示灯、电气标牌、电显告示牌及室内外霓虹灯的日常巡检和电气修理。

(3) 负责酒店内服务区域、办公区、客房、公共场所等室内外照明灯具、电气开关、插座的日常维修。

(4) 负责所有照明控制盘、开关箱的定期检查、清理和维修。

(5) 负责所有动力开关柜的定期检查、管理和日常维修。

(6) 定时巡检责任区域内所有动力设备，配电及照明设施的工作状况，保证用电安全，并保证上述区域的卫生。

(7) 负责小型改造工程的电气安装、改装。

(8) 负责节日喜庆活动室内外彩灯的安装、维护和检修。

(9) 配合弱电工完成大型会议、演出等活动舞台照明及灯光等的布置工作。

(10) 负责各部门及客人使用的小型电器的维修。

(11) 配合其他班组对有关电气设备实施计划保养和维修。

(12) 完成上级下达的其他工作任务。

**任职条件:**

(1) 热爱本职工作,勤恳好学,组织纪律性强。

(2) 掌握电工基础知识,懂得电气安装、维修的安全操作规程。

(3) 熟悉酒店的电气线路布局、维修服务工作要求,能熟练地对常用电气照明设备、设施进行保养、维修。

(4) 具有高中或技校毕业学历,经过有关部门培训取得电工操作合格证,从事电气设备安装、维修工作五年以上。

(5) 身体健康,精力充沛。

### 7.7.3 工程部工作程序

工作程序是做好一件事务的具体流程,它是饭店管理的基本元素。

**实例:客房卫生洁具维修工作程序**

**客房卫生洁具维修工作程序**

**标准:**

(1) 接到维修单后,应在 10 分钟内到达现场。

(2) 热水出水温度保持在 48℃～55℃之间。

(3) 维修工作质量要求为:

① 洗手盆冷、热水开关正常、不滴漏,出水畅通,水不四溅,冷、热水标志正确(左热、右冷)。

② 马桶上下水无过大声响,上水量适度,下水通畅。

③ 各阀门及马桶底座无渗漏。

④ 浴缸冷、热水开关正常、不滴漏,出水量充足,冷、热水阀门标志正确,转换阀工作正常,无漏水。

**程序:**

(1) 接到请修通知单后,根据维修内容、区域,备好维修材料、工具及旧床单。

(2) 进入楼层客房区域维修应由楼层服务员开门,若门上挂有“请勿打扰”,任何时候均不得进入,另找维修时间。

(3) 若门上未挂“请勿打扰”,先由服务员敲门、开门,维修中应保持房门打开。

(4) 在维修中易造成污染的项目应先铺好旧床单,应特别注意维修工作不能对上下楼层其他卫生间的给、排水等产生影响,否则,必须先向值班长汇报。

(5) 维修工作力求迅速、高效,尽量不打扰客人。

(6) 维修施工完毕,必须清理现场,恢复原状,保持周围环境清洁。

(7) 由报修部门有关人员检查签字确认后,回值班室消单,并登记进出楼层的时间、地点。

### 7.7.4 工程部管理制度

管理制度是任何一个企业的规则,没有规矩不成方圆,任何人都要受到管理制度的约束。管理制度的建立,使员工办事有了准则,使管理达到预想的目标。而一项制度执行得成功与否,与执行人有直接的关系。工程部的规章制度大多与专业技术有关,因此规章制度都是比较具体地针对某个设备来制定的,以下举几例说明。

1. 机房值班制度

(1) 未经领导批准,外单位人员不得随意进入机房参观;经批准者,须办理登记手续。

(2) 值班人员要密切注意设备运行状态,发现异常现象,及时处理。

(3) 严格按照巡视规定,准点抄录设备的运行数据。

(4) 严格遵守劳动纪律,不得将与工作无关的物品带入机房,禁止在机房吃食品。

(5) 机房内不允许接用临时电器设备,未经许可,不得在机房内使用电焊、气焊。

(6) 保持机房清洁卫生、搞好文明生产。

2. 锅炉房安全操作制度

(1) 严格执行岗位责任制,密切注意水位、压力和燃烧情况,正确调节各项参数,每小时记录一次。

(2) 做好巡回检查工作,发现问题及时汇报。

(3) 早班要求:

① 每周做火焰监测试验一次。

② 每月做手动安全阀排汽试验一次。

③ 检查给水、炉水水质,及时调整,使炉水水质符合规定要求。

④ 如有两台锅炉,每月轮换使用。

(4) 中班要求:

① 每日冲洗水位计一次。

② 每周做一次低水位试验。

(5) 每班排污一次,根据炉水分析决定排污量。

(6) 闲人免进锅炉房。

### 3. 制冷机启动操作规程

(1) 确定所有冷却水及冷冻水阀已经正确开、闭。

(2) 检查电压(±10%)。

(3) 冷媒阀开启。

(4) 检查油面(油泵先启动)。

(5) 检查油温,45℃以上。

(6) 确定冷却水泵、冷冻水泵已经运转。

(7) 检查冷却器压力差(进、出水压力差),正常值为50Kpa。

(8) 按下启动开关。

(9) 检查各有关表压、表温及参数。

压力:高压为0.85~0.95MPa;低压为0.21~0.25MPa。油压为0.8~1.1MPa;油面高度为视镜上部60~160mm;油温为45℃~60℃。

## 7.7.5 工程部运转表单

工程部为了保证前台正常运行及内部管理需要,制作部分表格和调度令,这些材料统称为运转表单。现举例如下:表7-1为前后台对设备需要进行维修时,要填的维修单;表7-2为前后台需要部际之间合作的调度令。

**表7-1 维修单**

维修单
MAINTENANCE

通知部门 BY ____________　报修人 NAME ____________　日期 DATE ____________

维修地点 LOCATION ________________________________________

维修内容 PROBLEM ________________________________________

________________________________________________

部门主管签字 DEPT. HEAD ____________

委派 ASSIGNED TO ____________

完成日期 DATE COMPL ________　实用工时 TIME SPENT ________

维修人签字
COMPLETED BY ____________
备　注
REMARKS ______________________________
______________________________

| 使用部门签字 SIGNATURE BY DEPT | 满　意 SATISFIED | 不满意 DISATISFIED |
|---|---|---|
| 第一联：部门留存（绿色） | 第二联：工程部（黄色） | 第三联：维修后回单（红色） |

**表 7-2　调度令**

**工程部运行调度令**

通知部门____________________
日期________年________月________日________时________分
调度令内容：

值班长签字________签收人________
备注：

注：1. 尺寸：17cm×14cm
　　2. 第一联：工程部（红色），第二联：签收部门（班组）（绿色）

## 7.7.6　工程部运行管理

工程部在运行管理方面主要抓以下环节：一是全饭店安全；二是保持前台经营氛围良好；三是节能。

### 1. 安全是头等大事

安全是客人需要的，安全是员工需要的，安全是管理者需要的，因此没有安全就没有饭店。饭店管理者有三怕：一怕"放倒人"，即餐饮卫生应把好关；二怕火灾，饭店是火灾高发场所；三是怕人命案，应保证客人平安出入饭店。饭店内有三个重点区域：厨房、康乐区和客房。饭店不安全因素如下：

（1）设备未做安全防护措施，如配电房没有采取措施防老鼠进入。

（2）未做预防性保养维修，设备老化，如烧水壶、电视机等发生烧毁。

(3) 未提供防护用品，高危场所违规操作。

(4) 服务通道灯光照度不够(低于100lx)。

(5) 前后台场所不清洁，使客人或员工滑倒。

(6) 安全设施失效，如锅炉安全主要三附件(安全阀、水位表、压力表)未做定期检查。

## 2. 饭店安全管理10条

(1) 成立安全管理组织，总经理任组长，各部门经理任组员。

(2) 全员培训讲究实效，做到三会：会认、会用、会保养。

(3) 持证上岗，劳动部门规定的岗位要持证操作。

(4) 严格执行“动火证”制度，饭店任何场所的动火操作，都必须执行动火准许程序。

(5) 定期实施安全检查。

(6) 保持安全的工作场所。

(7) 进行事故发生原因的调查分析，并将结果存档。

(8) 实行奖惩制度。

(9) 管理人员经常参与安全监督活动。

(10) 节假日(周末、黄金周)前，管理人员着重强调安全工作，进行检查，不放过任何死角。

在安全管理方面还应注意以下几点：一是24小时关注三个重点区域：厨房、康乐区和客房；二是消火栓、自动喷淋系统始终处于待命状态，即消火栓内有压力水，自动喷淋头玻璃爆破以后，喷高压水，每月对全饭店进行例行模拟试验(喷淋头爆破温度：大堂、餐厅、客房、公共区域用红色色标，爆破温度为68℃；厨房：用绿色色标，爆破温度为92℃)；三是监控装置与人工巡视相结合，形成安全监控网，停车场管理按程序办，客房采用人性化的防盗栓(见图7-7)，而不要用防盗链(见图7-8)。①

## 3. 饭店工程部运行注意事项

(1) 工作重点在前台区，要保证前台区域设备、环境的良好状态。

(2) 时间安排要灵活，做到：客人在场时，静；客人离场时，动。

(3) 始终有后台为客人、前台服务的意识。

(4) 前后台部门相互理解，换位思考，杜绝相互抱怨。

(5) 不能因为节能而降低对客服务标准，节能要从管理上动手，不能有损客人的利益，诚信为本。

---

① 因为前者不仅方便客人使用，而且，一旦反锁在房内的客人处于紧急状态时，饭店用“秘密钥匙”可以很容易地将客房门打开，对客人生命安全起到保护作用。而后者不方便客人使用，一旦有紧急情况，饭店无能为力，只能“望门兴叹”。

图 7-7　防盗栓

图 7-8　防盗链

4. 维修单安排

按前、后台分别处理，前台维修强调10个字：

优先：首先去维修。

快捷：行动要快。

准确：维修工作到位。

保质：修复后质量达到要求。

满意：客人、报修部门满意。

维修单流程见图7-9。

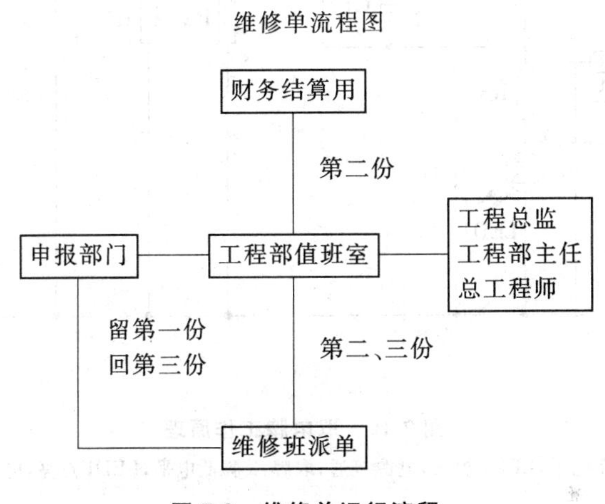


**图7-9 维修单运行流程**

5. 应急维修技巧

要保证前台常运转，平时要做好全员预防性保养，做到未雨绸缪，如对客房易损电器做好同型号的备份(如电视机、电话机、电吹风等)，一旦客房内这些电器出了故障，直接给客人换一台好的，尽量不要当着客人面维修，撤下来的故障机到后台或送出维修。除此之外，还要进行技能维修培训，掌握一些现场维修技巧。现举几例供参考。

(1) 客房内取电牌应急修理。

取电牌被多数饭店客房所采用，但有时客人进客房插牌后取不上电，给饭店服务质量带来损害。从对客服务的角度出发，要用最短的时间让客人用上电，待客人离开客房后，再维修。取电牌用替代法或当场维修，都不是易事，应采取“短路法”来应急。如图7-10所示，取电牌内多数是简单的电子线路，图中主要部件是555时基集成块，客人插牌、取牌动作，决定2、3脚通与断，从而使客房照明电路接通或断开。当取电牌出现故障时，插牌后，取不上电，这时只要用一根大头针将2、

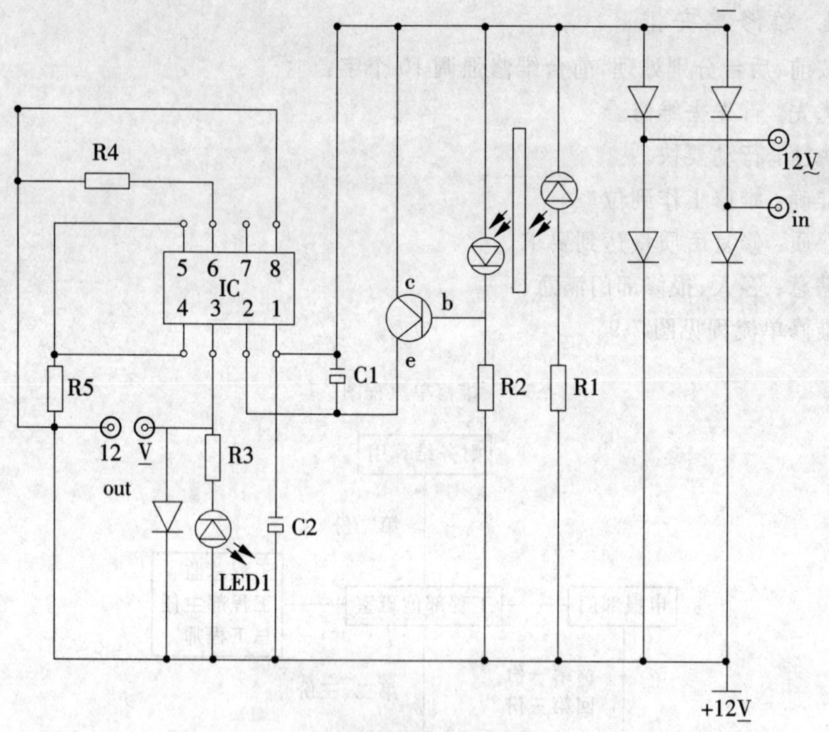


**图 7-10　取电牌工作原理**

插牌:3 脚高电平,LED1 熄灭,电源接通;取牌:3 脚低电平,LED1 点亮,电源切断

3 脚直接接通,先让客人用上电,待客人离开客房后再进行维修。上述应急操作一般在 10 分钟内完成。

(2) 洗手间小五金应急处理。

如图 7-11,洗手间内小五金是用来挂布草的,用久了,会松动或脱落,在短时间内难以维修,可以用胶来做应急处理,效果良好。一是液体工具胶(A、B 两管),A 管是母体,B 管是固化剂(1∶1 比例使用);固化时间为 10～30 分钟;联结对象为:金属—金属(不锈钢—其他金属),金属—非金属(不锈钢—瓷砖),非金属—非金属(塑料挂衣钩—瓷砖)。二是透明胶(A、B 两管),A 是母体,B 是固化剂(1∶1 比例使用);固化时间为 8～24 分钟(温度高,固化时间短);联结对象:金属—金属(不锈钢—其他金属),金属—非金属(不锈钢—瓷砖),非金属—非金属(塑料挂衣钩),联结强度很大。

图 7-11　卫生间小五金

## 7.8　饭店节能措施

饭店经营管理中，节能增效是运行管理中一项重要任务，通过全员培训进行落实，实践证明这一做法是行之有效的。饭店营业额提高，而纯利润不一定与之成正比，但如果在开源同时，将节能工作落实到实处，那么纯利润会随之上升。我们知道饭店水电气成本占营业收入额的10%左右，要使所有员工知道：节省成本就是创造纯利润。饭店节能增效要从四方面着手：一是全员培训，熟悉设施设备使用标准，如空调、水温等的设定要求；二是将节能增效上升到经营理念的层面来考虑，从源头做起，即从新建或改造时就要考虑降低运行费用，如功能布局、新风充足、使用节能灯、中水回用；三是日常经营中从小事、点滴做起，这样必将收到良好的效果。四是制定全饭店月度、年度控制目标，对各部门进行考核，实施绩效分配机制，将节能效果与部门、个人业绩分配相结合。以下是经营管理中节能增效措施115条。

(1) 设备设施保养方法："使用者必保养，保养者必及时。"使设备设施保持良好运行状态不仅延长使用寿命，而且节能。

(2) 有效管理的饭店运行费用低，经营利润高；反之亦然。

(3) 节能理念最重要，从总经理到每位员工要有成本经营理念：节省成本1元等于实现经营额10元；没有成本管理的饭店等于无经济效益的饭店。

(4) 使全体员工清楚本酒店水电气能耗指标所处的水准：①高效益：6%～9%；②中档次：10%～15%；③效益差：16%～20%。

(5) 从建设、改造设计开始就要考虑开业后运行能耗费用因素。

(6) 功能布局合理是降低运行费用的最有效方法，如餐厅、包厢楼层设热菜厨房。

(7) 任何档次的饭店空调系统新风量应足够：30～50m³/人·小时。大堂、餐厅、客房等前后台区域的空调多用新风，不仅能改善空气质量、提高档次，还能节能。饭店空调新风系统工作正常可节省10%～20%的能耗。

(8) 客房内布局适应客人消费理念，分三个区布局：过渡区(过道)、活动区(窗口)、静区(床)，前两者用硬地面(瓷砖、木地板)，后者可用软地面(地毯)，以减少PA清洁费用。

(9) 大餐厅(包厢)与厨房之间设"双道双门"，既保证客人有良好的就餐环境，又保持地毯干净，减少清洁工作量。

(10) 餐饮服务无后台，厨房地面用小尺寸(100mm×100mm)、吸水地砖，保持生产高峰时，地面干爽，避免因厨房地面潮湿而污染餐厅地毯。

(11) 厨房内空调处于负压状态，避免油烟污染餐厅，保护装潢效果持久性。

(12) 排油罩用运水烟罩，并每天将过滤网清洁一次。

(13) 厨房内避免长流水现象，灶头上水龙头处于常关状态。

(14) 厨房冷冻、冷藏库体积应合理配置，且冷冻、冷藏库共用一台制冷机，冷冻库与冷藏库成"套房"型式。

(15) 肉类原料化霜应提前在冷藏室内进行，杜绝用自来水化霜。

(16) 及时对冷冻库、冰箱进行化霜，蛇管上霜厚不超过3mm。

(17) 炉灶选用油气两用式(适应市场能源价格转换)。灶台用红外(感应)控制式，做到锅离气(油)关。用先进的炉灶燃烧装置。

(18) 客房卫生间内少用浴缸，多用淋浴。

(19) 卫生间地面、墙面地砖可用彩色或迷彩色。

(20) 取消床头柜上电气集中控制装置，改为就近控制方式，减少不必要照明耗电。

(21) 客房内少用镜子。

(22) 客房内床头灯不放在墙上，改设在天花板上。

(23) 改变客房家具布局"123"(三连柜)老模式，将写字台放在靠窗口，取消行李台，或用折叠式。

(24) 客房内沙发数量可减少，不一定要"一个茶几配两张沙发"的老模式，可减少一个沙发；沙发少用全包形式，改用半包或全木椅子。

(25) 减少或去掉一次性用品(六小件)。

(26) 客房内床上布草可用彩色的。如果当地自来水水质偏硬,布草不一定用白色,可改用彩色布草。卫生间地巾不一定用棉织品,可用其他材料代替或不用地巾。

(27) 饭店餐厅、客房、康乐区域客用布草的尺寸、质地按要求配置,尺寸不宜过大。

(28) 客房内采用明式、通透式卫生间,避免卫生间长明灯现象。

(29) 衣橱改为无门(敞开)式,衣橱内照明灯采用感应(红外)控制,或消取橱内灯。

(30) 保持门窗完好,防止不必要的渗漏,杜绝"跑冒滴漏"现象。

(31) 管道保温层完好,厚度为50mm。

(32) 更新耗能大的设备("超期服役"、"电老虎"),更新的设备设施费用由专业公司承担,节省的电费双方共享。

(33) 严格管理,合理安排运行,如冷冻机组、冷却机组的使用。

(34) 控制变压器运行台数,让其工作负荷在60%～80%时效率较高。

(35) 执行工作程序,准时抄表,监视能源消耗。

(36) 让机器满负荷工作。

(37) 采用先进的技术管理手段,如5A、BAS建筑、变频装置(节电10%～30%)。

(38) 采用取电牌控制客房照明电气。

(39) 照明系统采用双路或多路控制,如公共区域、客房走廊的照明系统采用双路以上控制。

(40) 采用新技术的半导体节能灯照明,节电70%,寿命延长10倍。

(41) 照明全面使用节能灯,但要注意节能灯不要伸下"两条腿"。

(42) 建筑物亮化采用节能光源,亮化设施应分区域、亮度进行,实行节日、平时可定时控制。

(43) 改变节能灯采购程序,节省采购费用50%以上。

(44) 及时去除电开器内水垢。

(45) 用汽设备冷凝水回收可节省费用20%～25%;冷凝水回到锅炉房给水箱,或洗衣场。

(46) 洗衣场、厨房等用蒸汽设备的疏水阀处于"疏水阻汽"状态;可节能5%～8%。

(47) 客房内不设饮水机,用电烧水壶。

(48) 根据本饭店星级档次,减少客房内使用小冰箱的数量,可在客房走廊上设置,让客人自助式购取。

(49) 大堂入口的门应采用节能空间,新建或改造时应设旋转(自动)门或两道门型式,以减少空调损失。

(50) 空调系统采用冰蓄型号,降低电费。

(51) 控制空调使用温度,夏季:22℃~26℃;冬季:18℃~23℃。夏季上升(冬季下降)1℃,节省成本5%~8%。

(52) 空调系统每年清洁保养两次可节省5%的运行费用。

(53) 饭店各区域(客房、餐厅等)空调耗能应实行绩效考核管理,装分表控制,节能有奖。

(54) 饭店各区域(客房、厨房、洗衣场、员工更衣室、PA等)用水实行绩效考核管理,装分表控制,节能有奖。

(55) 控制饭店大堂、公共区域的面积,大堂外墙玻璃、客房窗户面积不是越大越好,那样对节能不利。

(56) 客房窗户改用中空玻璃(特别是靠马路的一侧)。

(57) 客房用水达到四个要求可节水:水质卫生、水温合适、压力达标、热水循环。

(58) 冷、热水系统应采用防锈管材,如紫铜管,绿色管材。

(59) 控制热水温度,夏季:45℃~48℃;冬季:45℃~58℃。水的温度每上升1℃,增加成本5%~8%。

(60) 控制冷、热水压力可节水5%,客房洗澡水压力:0.2~0.35MPa,如果是屋顶水箱供水应保证客房顶层以下三个楼层供水压力达到上述要求。

(61) 热水系统应有循环管路,保证冬季客房混水器旋到左侧时,10~15秒内出热水。

(62) 采用热水锅炉比蒸汽锅炉经济。

(63) 降低蒸汽锅炉蒸汽压力可节能。

(64) 增加热水包体积可以让锅炉夜间停止工作或减少工作时间。

(65) 新建或改造时,冷空调系统可采用热泵空调系统,这样夏季饭店用热水无需能耗。或使用地热空调系统。

(66) 餐厅(包厢)在开餐前15分钟前使用新风换气、降温,视客情调节空调温度。

(67) 宴会厅、餐厅、餐厅包厢、大会议厅区域空调冷冻水系统应分区控制。

(68) 饭店空调系统的主机应按大、中、小搭配,避免"大马拉小车"现象。

(69) 对分散式建筑的饭店(景区、度假村)不一定使用中央空调系统,可采用风冷、分体、柜式等空调。

(70) 培训员工、客人科学的消费理念。培训所有员工正确使用空调温控器。少用高档(Hi);控制中档(Mi);使用低档(Lo)。如睡觉时温度增加(夏季)或降低(冬季)1℃~2℃,可节能5%~8%。

(71) 客房采用节水装置,如调节水龙头出水压力,并用过滤网。员工浴室采用感应水龙头，用插卡喷淋头。

（72）调整管理方法，“当天台布当天洗”，如餐厅当晚的台布当晚洗，可节省洗涤成本 10%以上，布草延长使用寿命 20～40 次。

（73）厨房用水“头道不用新”，分质排放，可节水 20%～30%。

（74）节水从滴/秒计算。①滴/秒，1 小时耗水 3.6 kg；1 个月耗水 2.6t（足够一个人一个月生活）；1 年耗水 72.2t。②成线的水滴，1 小时耗水 17kg；1 个月耗水 12t；1 年耗水 144t。③流线水滴，1 小时耗水 670kg；1 个月耗水 482t；1 年耗水 5 784t。

（75）客房卫生间冲水箱调节到 6 升，不用 8 升，每天可节省 20 升水。

（76）中水回用，节水 30%～40%。

（77）要使所有员工知道：饭店资金大进大出，但不能大手大脚。从我开始，从点滴开始厉行节约，如修旧利用：吸尘器、火锅炉、电开水壶、水泵、阀门、电机、电器等可再装配成“新机器”使用。再如，大台布可以改制成小台布，方台布可改制成长台布，旧布草可以改制成洗衣袋，还可以做电视机、电脑、多媒体投影仪等的遮尘套。破旧布草还可以供 PA 用。充分做到物尽其用。

（78）在饭店大门入口处加防尘垫，宽度大于 2m，可将 70%的鞋底污垢挡在室外，减少大堂、楼层地毯 PA 清洁工作量。

（79）正确选用花岗岩与大理石：地面、卫生间台面用花岗岩；大堂柱子、墙面用大理石。

（80）饭店 PA 清洁应记住：“时间”是最好的去渍剂。任何污渍在 6 小时之内处理都是最有效的。

（81）地毯保养方法：①吸尘；②局部及时去渍；③控制洗涤。

（82）花岗岩、大理石地面有污渍（口香糖）及时处理最有效，用油漆刮刀去除口香糖后，用洗涤剂再处理一下即无痕迹。

（83）应记住任何清洁剂对地毯、衣物、布草都有损伤。如果是湿性污渍，先用水除渍效果最好。

（84）客房内布草可以一客一换，不必一天一换，但提示牌要恰到好处。

（85）加强物品领用制度，严格库房管理，执行好部门二级库领用、报损制度。

（86）教育员工养成良好的节能习惯，这是本饭店的无形资产。如上、下两层自觉走步行梯。

（87）减少库存量，由供应商及时送货。

（88）厨房原料进价不定期询价（起码一周一次），降低采购成本。

（89）库房定期盘点，账物相符，减少漏洞。

（90）从源头控制餐具破损率（库房、餐桌、餐具柜）。新增加餐具定餐厅（包厢)、规格、数量采购,减少浪费。

(91) 从源头控制布草使用寿命,增加布草时定餐厅,定客房类型、规格、数量采购,减少浪费。

(92) 餐桌收台时,减少菜肴汤对布草的污染,不要将硬物(牙签等)夹在待洗的布草内。减少客房内待洗布二次污染机会(布草放在地面上,运往洗衣场的途中受污染)。

(93) 干、湿洗之前要预去渍,成功的洗涤取决于有效的预去渍,可有效地减少回洗。

(94) 卫生间内排风扇可去掉,改为屋顶集中式控制。

(95) 电梯轿厢内不用星期地毯,改为花岗岩地面。

(96) 大堂地面每天保养一次,保养时间为夏季 23:00 后,冬季为 22:00 后。

(97) 洗衣设备安装正确。用汽设备支管从主蒸汽管上方接入;用水设备支管从主水管下方接入(厨房设备类似)。

(98) 洗衣设备疏水阀型号要正确,大烫机用大容量(浮球式、倒吊桶式);其他设备用圆盘式。

(99) 规模小的饭店(小于 100 间客房)不一定设洗衣场,可送出洗。

(100) 水洗机选用洗脱一体化变频功能的。

(101) 干洗机选用带制冷回收功能的(第四、五代干洗机)。

(102) 干洗机蒸馏箱、烘干机按洗涤量及时进行清理。

(103) 洗衣场用水"头道不用新",水洗排水分质排放,可节水 20%~30%。

(104) 广场、大堂内慎用喷水池。

(105) 室内游泳池水温不超过 26℃,可减少换水次数。

(106) 桑拿区干蒸房内桑拿炉选用两段式控制方式。

(107) 桑拿湿区、休息区面积不要大,扩大按摩区营业面积。

(108) 蒸汽、热水管道经过地下时一定要悬空、保温。

(109) 洗衣场离锅炉房不宜过远。

(110) 对地下层或一层员工用水管路中加减压阀。

(111) 尽可能用太阳能热水器。

(112) 公共区域多用自然光。

(113) 饭店内部办公指令传递采用无纸化(电脑网络);内部文件用小号字体,纸张两面使用(可用商务中心客用草稿纸)。

(114) 饭店内废旧物品、酒(饮料)瓶归口处理,收益可按比例分配。

(115) 节能增效工作必须从管理层起步,推向员工,有效措施是:绩效考核,每月兑现。

## 本章小结

本章主要介绍了工程管理的作用、工程部员工的职业素质、设备保养方法、团队精神、设备档案管理、饭店设备合同维修管理、工程部运行管理、组织架构、饭店节能措施，学员特别要在掌握本章内容的基础上，较好地学习下一章“饭店工程运行管理实务范例”。

## 思考与练习

### ■ 概念与知识

□ 主要概念

“使用者必保养，保养者必及时”　合同管理　组织架构　岗位职责　工作程序　管理制度　运转表单　节能措施

□ 选择题

1. “快速反应意识”就是(　　)。
   A. 干活动作迅速
   B. 前台服务员一叫就去
   C. 客人一叫就去
   D. 对客人、前台、其他部门的要求做出快速反应
2. “设备保养维修工作只有预防，才有出路”指的是(　　)。
   A. 饭店设备保养必须全员参与　　B. 工程部员工参与
   C. 领班都要保养　　D. 主管和部门经理都要保养
3. “建立设备登记卡”是指(　　)。
   A. 每一台设备都应设立一张登记卡　　B. 重要的设备设立登记卡
   C. 前厅部设备设立登记卡　　D. 总经理办公室的设备设立登记卡
4. “没有安全就没有饭店”指的是(　　)。
   A. 安全是客人需要的　　B. 安全是员工需要的
   C. 安全是管理者需要的　　D. A、B、C 都对

□ 简答题

1. 工程管理的具体作用有哪些？
2. 台盆上的水龙头放出的水溅到客人脸上的原因是什么？
3. 部门之间良好合作与沟通的内容有哪些？

### ■ 分析与应用

□ 分析题

1. 合同维修的特点有哪些？

2. 工程部运行手册有哪些内容?

3. 维修单应如何安排?

□ 应用题

1. 参观五星级饭店的工程部,了解工程部的运行管理。

2. 画一张按专业系统设置的饭店工程部组织架构图。

3. 谈一谈走上工作岗位后,如何为饭店节能增效,点滴从自我做起?

**选择题参考答案**

1. D　2. A　3. A　4. D

# 第8章 饭店工程运行管理实务范例

**学习目标 》**

通过本章内容的学习,掌握以下内容:了解饭店工程部岗位职责;熟悉工程部工作程序;掌握工程部的管理制度;认识工程部工作中常用的运转表单。

**知识要点 》**

岗位职责明确了每个岗位必须完成的工作内容，它是饭店工程管理的核心内容之一;工作程序是完成一件具体事务必须遵守的步骤;饭店根据各部门工作内容不同，制定相应的管理制度来保证本部门正常运行;运转表单是饭店运行常用的管理手段,可以提高工作效率。

**技能要求 》**

能够叙述工程部主任、工程部值班长、电工领班、值班电工、电工、弱电工、维修领班、维修工空调领班、空调工的岗位职责;掌握饭店工程部管理制度;了解各岗位的日常工作程序;能够独立填写各种运转表单。

本章是饭店工程管理中的实用性内容，对实际工作具有系统的指导作用。“饭店管理软件”所指的就是这部分内容，也可称之为管理模式。饭店各部门运行管理具有共性，因此学习掌握了工程部运行管理模式后，对整个饭店运行管理也有了一定的了解。本章共有四部门内容：岗位职责、工程程序、管理制度和运转表单。

每个部门岗位的数量与其组织架构中的岗位数是一致的，岗位职责明确了每个岗位必须完成的工作内容，它是饭店工程管理的核心内容之一。岗位职责模块主要有岗位名称、岗位级别、直接上司、管理对象、岗位提要、具体职责、任职条件等，重点内容是具体职责，它明确了本岗位的工作内容。在岗位职责中，管理层面侧重于管理控制，而员工层面侧重于具体工作。

工作程序也是饭店工程管理的核心内容之一，包括工作标准和程序，是完成一件具体事务必须遵守的步骤。饭店行业从业者，无论是员工还是管理者，在日常工作中都必须遵守工作程序，如“客房弱电设备维修工作程序”，员工进客房维修客房电气开关、电视、电话等弱电设备时执行这些工作程序，进现场工作才能达到标准，保证对客服务的满意度。

饭店根据各部门工作内容不同，制定相应的管理制度来保证本部门正常运行。每个员工必须照章行事，奖罚分明。工作完成得好，可以得到奖励；由于人为因素，工作中出现了失误，影响了对客服务质量，就要受到处罚。

运转表单是饭店运行常用的管理手段，可以提高工作效率。

## 8.1 岗位职责

### 工程部主任岗位职责

一、岗位名称：工程部主任

二、岗位级别：

三、直接上司：总经理

四、管理对象：值班长、领班

五、岗位提要

保证以最低的运行、保养、维修费用和最佳运行状态去满足酒店的服务标准。通过有效的管理，保持酒店在建筑面貌、装潢效果和设备运行上达到原设计水平，并且根据经营需要，逐步进行更新和改造，使其更加完善。

六、具体职责

1. 全面负责工程部的日常运行和管理工作，保障酒店各系统设备安全正常地运行，保持酒店的建筑、装潢的完好。

2. 总结运行、维修实践经验，编制工程部年度工作计划，制定和审定工程部运行费用，制定或审定预防性保养维修计划。

3. 制定和审定员工培训计划，定期对员工进行业务技能、服务意识、基本素质的培训，建成一支高水准、高效率、高服务质量并能处理各种突发事件的队伍。

4. 负责协调和酒店相关的市政工程部门的关系，以获得良好的外部环境。

5. 主持部门工作例会，协调、控制各班组工作进度与质量；传达酒店工作指令精神，布置、安排主要工作。

6. 监督检查酒店设备设施管理制度的执行情况，督促酒店各部门正确使用和保养自己的设备设施。

7. 现场检查重要维修、改造工程的工作质量、进度及安全措施，对存在问题进行协调和解决。

8. 经常征询对客服务部门的意见，不断改进硬件设施的不足，并组织实施技术改造；加强与各部门的沟通与合作，努力完成酒店的总体经营目标。

9. 负责与设备维修、外协加工、安装施工等有关单位的业务联系，洽谈签订酒店的各项工程合同书。

10. 配合安全部搞好消防、安全工作，保证酒店的消防设备处于良好状态。

11. 直接和间接地考核工程部值班长、领班，并对其工作做出指导和评估。

12. 完成上级下达的其他工作指令。

七、任职条件

1. 有强烈的事业心、责任感与服务意识，勤于钻研，作风严谨；秉公办事，不谋私利。

2. 掌握机电工程设计基础知识，熟悉酒店设备设施的使用和维护管理知识，熟悉基建、环境保护、消防、劳动保护方面的政策与法规。

3. 能充分领会总经理的经营意图，有较强的组织、领导能力，指挥工程部各项工作计划的实施。

4. 具有工科专业本科以上或同等学力，获工程师以上技术职务，具有从事工程设备管理五年以上经历，有一定英语水平，能借助工具书阅读有关专业文献。

5. 身体健康，精力充沛。

八、权力

1. 对工程部员工的招聘、辞退有建议权。

2. 对本部门员工有组织调配权和一定的奖惩权。

3. 对酒店内所有硬件设备设施的使用管理权及其更新建议权。

## 工程部值班长岗位职责

一、岗位名称：值班长

二、岗位级别：

三、直接上司：工程部主任

四、管理对象：各班组领班

五、岗位提要

值班长直接对部门主任负责；在当班期间对所有在岗人员进行指挥、调度，确保酒店设备设施的正常运行和日常维修工作的顺利进行。

六、具体职责

1. 切实执行工程部主任的工作指令，认真贯彻落实岗位责任制，确保所管辖的供电系统、通讯系统、音像系统、电梯、给排水系统和制冷、空调系统的正常运行。

2. 根据酒店对客服务的要求和设备的运行规范，以及季节气温变化和客情，掌握时机，书面下达设备运行调度令，合理经济地安排好设备运行，指挥调度运行人员及时、准确地开停、调校设备。

3. 检查督促设备运行人员执行岗位责任制，定时巡视重要区域及机房的设备运行情况。

4. 做好能源消耗统计，掌握能耗设备的运行情况，并根据气象记录、客情，对能耗进行对比分析，发现能耗异常或超标准，应及时向部门领导反映，提出处理意见、采取节能措施。

5. 及时登记各部门送来的维修单并及时派发给有关维修人员，对当天未完成的工作，必须做好记录、注明原因，并向部门领导汇报。

6. 负责设备设施计划维修的组织管理工作。

7. 对跨班组的维修项目进行工种协调，裁定执行班组，确保维修工作的顺利进行。

8. 监督值班人员执行交接班制度。

9. 当紧急和突发事件发生时，立即组织人员采取有效措施。

10. 完成上级下达的其他工作指令。

七、任职条件

1. 有强烈的事业心与责任感，对工作一丝不苟，任劳任怨。

2. 具有变配电、自动控制、暖通等系统设备的操作、维护及管理知识。

3. 熟知酒店机电工程设备、消防系统、建筑设施等的布局，功能，具有较强的综合分析、判断能力和应急能力，能合理调配人力，有较强的组织管理能力。

4. 具有工科大专以上或同等学力，并具有助理工程师技术职务，从事设备管理工作五年以上。

5. 身体健康，精力充沛。

八、权力

1. 有对当班运行人员、维修人员的指挥、调度权。

2. 对下属有奖惩建议权。

## 电工领班岗位职责

一、岗位名称:电工领班

二、岗位级别:

三、直接上司:值班长

四、管理对象:值班电工、电工、弱电工

五、岗位提要

对值班长负责,负责酒店变配电设备、弱电系统的正常运行,以及电器、照明、弱电设施的日常维修。

六、具体职责

1. 熟知酒店变配电系统的设备设施工作状况,并定时巡视各主要设备的运行情况。

2. 保证酒店电视系统、电话系统正常工作,并及时做好系统的保养维修工作。

3. 认真贯彻执行岗位责任制、操作规程、设备保养制度及机房管理制度,确保所辖范围内设备设施的正常运行。

4. 及时、无条件地完成上级分派的日常维修工作,并保证维修质量。

5. 合理划分酒店电气安全责任区域,督促技工定时巡视、巡检,确保酒店用电安全。

6. 负责本班组的排班、考勤及管理工作。

7. 做好设备、设施保养记录,制定本班备品、备件计划。

8. 总结运行、维修实践,提出节电运行及合理改造措施。

9. 每月下旬,将设备设施的维修记录上交值班长。

10. 每天下班前,对本班组人员的工作情况进行统计。

11. 配合其他班组进行酒店改造及设备保养工作。

12. 完成上级下达的其他工作任务。

七、任职条件

1. 工作踏实,一丝不苟,有强烈的责任心。

2. 熟悉高、低压配电知识及各类电气设备的保养、维修知识。

3. 能熟练地对变配电设备、各类电气、照明设备设施、弱电系统进行维修,有较强的实际操作能力,并具备一定的组织、协调能力。

4. 具有高中或中专以上文化程度,经有关部门培训,取得电工操作合格证,从事电气设备安装、维修工作五年以上。

5. 身体健康,精力充沛。

八、权力

1. 有权调配安排本班组员工工作。

2. 对下属有奖惩建议权。

## 值班电工岗位职责

一、岗位名称:值班电工

二、岗位级别:

三、直接上司:电工领班

四、管理对象:

五、岗位提要

严格按照配电操作规程,负责配电设备的运行监护,确保配电设备的安全运行。

六、具体职责

1. 严格按照配电操作规程,负责配电设备的运行监护,严守配电房的值班、交接班和人员进出配电房的有关规定,杜绝闲杂人员进入配电房,确保配电设备的安全运行。

2. 按照配电设备保养维修规程,进行日常维护和例行保养。

3. 坚守岗位,定期巡视检查配电运行仪表,认真抄录填写各种报表和运行记录。

4. 负责做好配电房的安全防范工作,如门、窗、消防器材等,同时做好防范小动物的工作,确保安全运行。

5. 当发生停电事件时,立即与供电部门联系,问明停电原因和恢复时间,并做好准确的记录。

6. 负责保管配电房的日用仪器、仪表和各类工具,做到器具准确,完好,取用方便。

7. 负责配电房的设备和场地整洁、卫生、无杂物,机房内不得抽烟,吃零食,严禁将易燃易爆等危险品带入配电房。

8. 发生事故时,值班人员应保持清醒头脑,按照操作规程及时排除故障。

9. 服从值班长的日常工作指令,在需要时,协助其他人员做好工作。

10. 完成上级下达的其他工作任务。

七、任职条件

1. 具有强烈的工作责任心,忠于职守,任劳任怨。

2. 熟悉酒店配电系统图,掌握配电操作的各种规章制度和有关输配电操作法规。

3. 掌握变配电设备安全操作方法,掌握配电设备的保养维修要求,有较好的操作技能。

4. 具有高中以上文化或技校毕业学历,从事配电值班三年以上经历,经供电部门专业培训,取得供电局颁发的配电操作合格证。

5. 身体健康,精力充沛。

## 电工岗位职责

一、岗位名称：电工

二、岗位级别：

三、直接上司：电工领班

四、管理对象：

五、岗位提要

在电工领班的领导下，负责配电房以外所有区域的电气设备、照明设施的保养及维修工作，使其始终处于优良的工作状态。

六、具体职责

1. 按维修单要求，及时、准确无误地完成维修工作。

2. 负责酒店内所有安全通道的照明指示灯、电气标牌、电显告示牌及室内外霓虹灯的日常巡检和电气修理。

3. 负责酒店内服务区域、办公区、客房、公共场所等室内外照明灯具、电气开关、插座的日常维修。

4. 负责所有照明控制盘、开关箱的定期检查、清理和维修。

5. 负责所有动力开关柜的定期检查、管理和日常维修。

6. 定时巡检责任区域内所有动力设备、配电及照明设施的工作状况，保证用电安全，并保证上述区域的卫生。

7. 负责小型改造工程的电气安装、改装。

8. 负责节日喜庆活动室内外彩灯的安装、维护和检修。

9. 配合弱电工完成大型会议、演出等活动舞台照明及灯光等的布置工作。

10. 负责各部门及客人使用的小型电器的维修。

11. 配合其他班组对有关电气设备实施计划保养和维修。

12. 完成上级下达的其他工作任务。

七、任职条件

1. 热爱本职工作，勤恳好学，组织纪律性强。

2. 掌握电工基础知识，懂得电气安装、维修的安全操作规程。

3. 熟悉酒店的电气线路布局、维修服务工作要求，能熟练地对常用电气照明设备设施进行保养、维修。

4. 具有高中或技校毕业学历，经过有关部门培训取得电工操作合格证，从事电气设备安装、维修工作五年以上。

5. 身体健康，精力充沛。

## 弱电工岗位职责

一、岗位名称：弱电工

二、岗位级别：

三、直接上司：电工领班

四、管理对象：

五、岗位提要

负责酒店电视系统、音响系统、通讯设备、消防控制系统、保安设备等的正常运行及其维护保养，为客人提供高质量的音像、通讯服务和可靠的安全保障。

六、具体职责

1. 在电工领班的领导下，负责酒店电视系统、音响系统、通讯设备、消防控制系统、保安设备的正常运行和计划保养工作。

2. 负责大型活动时所需音像（响）设备的安装和调试。

3. 负责对交换机进行定时测试，每天检查电话中继线工作状况。

4. 负责酒店通讯、音响设备和客房的电视机、电话机的维修；及时、准确地完成维修单所要求的任务。

5. 严格按照节目播放计划按时播放电视节目，不得擅自改变节目内容。

6. 负责机房内的清洁卫生工作，负责录音、录像带、光盘的保管使用。

7. 坚守工作岗位，定时检查设备的运行状况，发现故障立即排除，如果处理不了，应立即向上级汇报。

8. 负责填写值班日记，详细记录运行中所发生的问题。

9. 完成上级下达的其他工作指令。

七、任职条件

1. 有强烈的工作责任心，工作积极肯干。

2. 具有电子、通讯广播专业基础知识，对电声、影像器材的使用、维护有广泛的了解。

3. 实际操作能力强，具有排除电视音像系统、通讯等设备故障的能力。

4. 具有高中以上文化程度，从事无线电设备维修三年以上。

5. 身体健康，精力充沛。

## 维修领班岗位职责

一、岗位名称：维修领班

二、岗位级别：

三、直接上司：值班长

四、管理对象：维修工

五、岗位提要

在值班长领导下，负责厨房、洗衣房设备、供排水系统设备、清洁设备、康乐设备、家具、墙纸、装修面的维修和计划保养工作，确保酒店运转良好。

六、具体职责

1. 确保维修单上指定的工作及时、准确地完成，并负责维修质量。

2. 负责厨房、洗衣房设备、供排水系统设备、清洁设备、家具、墙纸、装修面(大理石、花岗岩等)康乐设备的计划保养工作。

3. 检查日常维修和计划保养工作的执行情况，保证维修质量与进度。

4. 负责对设备使用部门进行操作程序、维护保养方法等的技术培训工作，并检查落实执行情况。

5. 负责制定本班组的备品、备件计划；控制维修成本。

6. 为其他部门制作、维修各类金属器件、扳金制品等。

7. 负责本班技工的工作安排、技术指导、培训工作。

8. 定期巡视管辖区内重点设备的运行情况，发现异常或违反操作规程者，及时处理或报值班长。

9. 每月下旬，将设备设施的保养维修记录上交值班长。

10. 每天统计本班人员的工作情况。

11. 配合其他班组进行设备维修及计划保养工作。

12. 完成上级下达的其他工作任务。

七、任职条件

1. 对工作精益求精，认真负责，一丝不苟。

2. 掌握机电专业基础知识，熟悉各类机电设备的使用和保养维修工作，熟悉家具、装修面的维修工艺。

3. 能熟练地对各类机电设备进行故障检修和实施有效的计划保养，有较强的实际操作能力。

4. 具有高中或中专以上文化程度，从事机电设备维修工作三年以上。

5. 身体健康，精力充沛。

八、权力

1. 有权调配、安排本班组员工工作。

2. 对下属有奖惩建议权。

## 维修工岗位职责

一、岗位名称：维修工

二、岗位级别：

三、直接上司：维修领班

四、管理对象：

五、岗位提要

在维修领班的领导下，负责厨房、洗衣房设备、供排水系统设备、清洁设备、康乐设备、家具、墙纸等的维修工作，使其始终处于良好的工作状态。

六、具体职责

1. 严格按照工作程序，保证维修单上指定的工作及时、准确地完成。

2. 负责厨房设备、洗衣房设备、供排水系统设备（管道、阀门）、清洁设备、康乐设备、家具、墙纸、装修面及其辅助设施的计划保养和维修工作。

3. 为其他部门制作、维修金属结构器件、小型扳金制品制件等。

4. 负责酒店的所有门锁、闭门器、铝合金门、地弹簧等小型机械设备的保养、维修。

5. 负责酒店内所有推车、餐车、行李车、布草车等的保养、维修。

6. 负责未列入其他班组管理范围的各种机电设备设施的保养维修工作。

7. 协助其他班组在设备维修中的电焊、零配件加工及外协加工。

8. 完成上级下达的其他工作任务。

七、任职条件

1. 有较强的工作责任心，对工作一丝不苟。

2. 具有机电专业基础知识，熟悉供排水系统、家具、装修工艺。

3. 实际操作能力强，能熟练地对通用机电设备进行故障检修和保养。

4. 具有高中或中专以上学历，从事设备维修工作三年以上。

5. 身体健康，精力充沛。

## 空调领班岗位职责

一、岗位名称：空调领班

二、岗位级别：

三、直接上司：值班长

四、管理对象：空调工

五、岗位提要

在值班长的领导下，负责酒店所有空调系统的正常运行与保养维护，保证空调效果和设备运行效率。

六、具体职责

1. 严格按照操作规程和要求，精心操作冷冻机、冷却塔、循环泵、热交换器等设备设施，保证其运行正常。

2. 制定冷冻机、冷却塔、各空气处理单元、排烟、排风机等设备的保养计划，并负责计划按质、按时顺利实施。

3. 及时完成值班长下达的日常维修工作，保证维修质量。

4. 负责定期清洗空调水管系统，确保空调效果，降低能源消耗。

5. 负责冷冻机房，各空调机房的清洁卫生及管理工作，特别是保证新风机房、新风口的清洁和过滤网的定期清洗。对客房内风机盘管的过滤网根据季节不同，定时进行冲洗。

6. 负责班组管理，严格控制运行及维修成本，安排、协调好设备运行、日常维修及计划保养等各项工作。

7. 负责制定本班组备品、备件计划。

8. 总结运行、维修经验，提出合理、有效的更新改造建议。

9. 每月下旬，将设备设施的维修记录上报值班长。

10. 每日统计班组员工的工作情况。

11. 完成上级下达的其他工作任务。

七、任职条件

1. 有强烈的事业心与责任感，积极肯干，一丝不苟。

2. 掌握空调制冷设备的运行及保养维修方面的基本知识。

3. 能熟练地对中央空调系统各类设备设施进行故障检修，具有丰富的实际操作经验和一定的管理能力。

4. 具有高中或中专以上文化程度，从事空调系统运行维修工作五年以上。

5. 身体健康、精力充沛。

八、权力

1. 有权调配、安排全组员工工作。

2. 对下属有奖惩建议权。

## 空调工岗位职责

一、岗位名称：空调工

二、岗位级别：

三、直接上司：空调领班

四、管理对象：

五、岗位提要

对空调领班负责，确保酒店内冷水机组、空调热交换器系统正常运行；负责对酒店的空调、排风、排烟系统安全运行，并负责对上述系统的设备进行保养维修。

六、具体职责

1. 严格按操作规程进行制冷和供热设备的操作。

2. 按规定的时间对外界和酒店大堂、各餐厅、娱乐区域、楼层及其他指定区域的温度、湿度进行检测，及时调整设备的工作状态。

3. 根据值班长的指令，及时调校空调设备，在保证服务区域温、湿度满足要求的前提下，努力降低运行成本。

4. 当班人员必须严格坚守岗位，服从指挥。

5. 严格执行交接班制度，在交班时，如发生故障或异常情况，应终止交班，原则上由当班人负责解决，接班人同时协助处理，待故障排除后再履行交接班手续。

6. 对值班室派发的维修单应无条件执行，并做到及时、准确地实施、完成。

7. 负责所有空调、通风及其辅助设备的运行和日常维修，并严格按照检修周期、检修内容对上述设备进行维护保养。

8. 负责酒店所有冷藏、冷冻设备的维护保养和故障检修工作。

9. 负责酒店中央空调水系统、送风系统的日常维修和维护保养工作。

10. 负责搞好空调、通风机房的清洁卫生工作，特别是要保证新风机房、新风口清洁。

11. 完成上级下达的其他工作任务。

七、任职条件

1. 工作责任心强，一丝不苟。

2. 了解空调制冷原理、结构、保养维修要求，并有一定的电工知识。

3. 能够熟练地对空调、通风设备进行故障检修和维护保养，有较强的实际操作能力。

4. 具有高中或技校毕业学历，从事冷冻空调设备维修工作三年以上。

5. 身体健康、精力充沛。

## 8.2 工作程序

### 工程部值班室日常运行工作程序

一、标准

值班室为每天 24 小时不间断工作制，必须保证全酒店水、电、气、空调的供给和工程部的正常运行、调度，以及日常维修工作按时、按质顺利进行。

二、早班程序

1. 提前 15 分钟到岗进行交接班，了解上一班工作是否有需要继续处理的事情，检查值班室工具是否齐全及有关机房钥匙领用归还情况等。

2. 接班后查询工作日记以及主要设备运行情况，如热交换器、供水温度、冷冻机运行台数、配电房供电方式、空调、电视、电话及消防系统状态等。查阅今日有无重大活动，如有重大活动，检查落实活动安排情况。发放次日的宴会、会议及重大活动通知或调度令，协调酒店部门之间事宜，根据天气预报及客房出租率等情况，经济合理地调度设备运行。

3. 认真登记各部门送来的维修单，掌握维修工作的轻、重、缓、急，及时、准确地下达给各有关班组；对于重要维修工作，必须到现场协调、检查。对当班维修单的执行情况作好统计；对当日未能完成的，必须注明原因并汇报部门领导，对跨班组的维修工作进行协调和裁定执行班组。巡视重点设备运行情况及增改工程施工情况，并对存在的问题进行协调、处理。

4. 定时巡检重点区域及机房的设备设施运行情况，对前台营业区域要在营业前1小时巡视，检查空调温度、照明状况是否符合标准，认真记录本班组的工作情况及交接班注意事项，必要时对本班发生的重大事情提出书面报告和处理意见；对突发事件及一时无法解决的问题，应及时向工程部主任汇报。

5. 当班期间遇有意外事件发生（停电、停水、火灾等），应保持沉着、冷静，组织指挥人员进行应急处理，迅速与有关部门联系，并及时向主任汇报，处理完毕要写出详细报告交部门领导。

三、中班程序

除完成早班五项工作之外，另需按以下程序执行：

1. 接班后检查当日维修单返回情况并督促完成，对当日不能完成的项目尽可能到现场了解情况，对一些重要项目和应急工作，须及时组织安排人员加班完成。

2. 查阅当晚有无重大活动，如有，应提前到现场检查准备情况，并随时满足活动的临时要求。

3. 18:00以后检查酒店公共区域照明情况，20:00和22:00分别对配电房、音像室及其他指定区域进行检查，发现问题及时处理。

4. 如有外单位在店施工，或有改造工程项目，需履行检查管理职能、进行现场协调，杜绝不安全事故发生。

5. 行使主任职责，对当班人员进行指挥、调度；遇有重大事情自己无法处理时，应及时和主任联系。

四、夜班程序

除按早班五项工作程序执行外，另需按以下程序执行：

1. 作好当日的维修单、能源消耗、客房出租率、检测温度等的统计工作，发现能耗异常应提出分析、处理意见；详细记录一日重大事件情况（如停电、停水等）。

2. 不定时分别对配电房、制冷机房及其他指定区域进行巡检，检查人员上岗、设备安全运行情况；杜绝夜班人员睡觉现象。

3. 如有外单位在店施工，或有改造工程项目，需履行检查管理职能、进行现场协调，杜绝不安全事故发生。

4. 行使主任职责，对当班人员进行指挥、调度；遇有重大事情自己无法处理时，应及时和主任联系。

## 维修单处理程序

1. 对各部门送来的维修单必须认真检查其内容，并做好签收登记手续。（需注明维修人员姓名）

2. 按各班组指定的维修项目，及时准确地将维修单下达给各有关班组。维修工必须在10分钟内到达现场，对明显属于多工种维修的维修单，必须先到现场检查实际情况，并开出各工种的维修调度令，同时注明对各工种在先后次序、工种配合上的详细要求。

3. 对重点区域(如前台部门)和重点设备的维修，必须优先安排，并在完成后进行检查。

4. 维修工作完毕，报修部门要对维修项目进行验收，并在回单上签字。

5. 对完成的维修单进行消单，对未完成的应注明原因、由领班签字并向值班长说明，待次日完成后，到值班室消单。

6. 值班长每日统计各班组维修单完成率，并分析未完成的原因，提出处理意见，并向主任报告。

## 电话报修处理程序

1. 记录报修时间、报修地点、报修内容以及报修部门和报修人姓名。

2. 立即安排维修人员前往报修地点。对紧急电话报修，维修工必须在10分钟内到达现场(如有必要值班长要亲自前往)。

3. 维修人员在工作完毕后必须向值班长汇报维修情况。

4. 值班长要认真做好记录，内容为维修完毕时间和维修情况。

5. 电话报修部门应在当日补填维修单。

## 值班室能源统计工作程序

1. 每天向配电房查询耗电数据。

2. 每天向水工组查询耗水数据。

3. 详细记录有关数据(表EN-06)。

4. 根据客房出租率、外界气温变化等因素，对数据进行分析，若超出计划用量，应调查原因，提出处理意见，并采取相应措施。

5. 每周在工程部例会上汇报能源消耗情况。

## 重大设备事故处理程序

1. 酒店如发生重大设备事故，现场人员要立即切断设备电源、煤气等危险源，保护事故现场，并立即通知工程部值班室。

2. 值班长接到事故报告后，立即报告工程部主任、安全部主任。随即组织工程技术人员赶赴事故现场，同时报告酒店总经理室。

3. 工程部主任会同安全部主任及工程技术人员检查设备事故状况，采取必要的应急措施，并组织人员对设备进行抢修，尽快排除故障。

4. 设备事故排除后，值班长做详细的处理记录，填写事故报告，对事故原因、事故状况、处理办法、预防措施等提出意见，报主任和总经理室。

5. 设备事故若由人为原因造成，工程部对责任人提出处理意见，报总经理室审批后进行；同时，对有关操作使用设备的人员和维护保养人员进行必要的教育和技术指导，杜绝类似事故的发生。

## 停水时的应急情况处理程序

1. 值班长接到自来水公司的停水通知后，应立即向工程部主任、大堂经理、总经理汇报。

2. 由值班长向安全部，客房部、人事培训部、餐饮部发出因自来水公司停水，酒店可能暂缺水的情况通知。

3. 督促有关人员在停水之前检查地下蓄水池储水情况，确保处于满水状态，并向顶楼水箱储水。

4. 水管工负责对游泳池提前进行换水，必须赶在停水之前完成。

5. 值班长负责与自来水公司联系，落实恢复正常供水时间，并及时向主任汇报。

## 发生火灾时值班长工作程序

1. 接到火灾报警，值班长必须立即赶到火灾现场。

2. 根据火势情况及时对电源、煤气、通风系统及各电器设备进行处理，并将火情向工程部主任汇报。

3. 立即组织人员投入灭火。

4. 督促有关人员检查监督消防水泵、排烟风机的运行情况。

5. 督促有关人员检查电梯是否全部落下，并察看是否有人被关闭在电梯内，指定专人操作消防电梯。

6. 服从在场最高行政领导的指挥，确保在店客人的安全。

7. 当火灾发展到一定的程度，在接到撤离通知后，带领大家撤离现场，并检查人员。

8. 在撤离时要做到以下几点：

(1) 关闭电闸开关。

(2) 关闭所有煤气、燃油开关。

(3) 关闭所有的制冷设备。

(4) 关闭门窗。

(5) 携带重要的工程资料。

## 影响正常营业的设备保养维修工作程序

1. 对需要停机做维护保养、影响正常营业的设备，工程部应事先将保养维修计划报总经理批准，计划包括：设备名称、停机检修时间、检修内容、应急措施、检修完成时间等。

2. 对消防设备的检修，应由工程部会同安全部制订保养维修计划及安全、消防应急措施。

3. 维修计划经总经理批准后，工程部将维修项目、时间安排通报有关部门，对因维修需要暂时停止供电、供水、供气等维修项目、工程部应提前采取应急措施。错开营业高峰时间，尽可能不影响或少影响对客服务。

4. 停机维修时，应提前准备好零配件、工具等，工程部主任和值班长亲自到场，做好停机保养的组织工作，按计划进行检修和调试，在尽可能短的时间内完成保养维修工作。

5. 每次维护保养均应做好检修记录，内容包括检修项目、时间、更换零配件，维修后的运行效果等。

6. 维修完成后，设备恢复正常运行，如临时中断设备运行，采取应急措施，并报总经理、通报有关使用部门。

## 工程部设备事故处理程序

1. 设备非正常的损坏而造成停产或效能降低，均视为设备事故。

2. 设备事故发生后，应严格保持现场情况，有关人员必须立即向值班长汇报，值班长应立即报告主任，由主任组织有关班组进行抢修，恢复正常运行。

3. 若设备故障不能迅速排除，影响正常营业时，工程部应设法采取应急措施，并通报有关使用部门，工程部主任和值班长亲自组织抢修，保证在尽可能短的时间内完成检修任务。

4. 一般事故由值班长在二日内填写设备事故报告单报主任。重大事故必须在当日填写设备事故报告单，报主任，由主任向酒店领导汇报。

5. 设备发生事故后，任何人不得隐瞒，坚持做到三个不放过。即：

(1) 事故原因分析不清不放过。

(2) 事故责任者与员工没有受到教育不放过。

(3) 没有防范措施不放过。

## 设备设施外包维修的合同签订程序

1. 由工程部提出某一设备或设施保养维修的要求，由选定的专业公司根据要求，草拟合同条款的内容，并要求对方提供同类设备保养维修合同样本，必要时，工程部应派人进行调查。

2. 如果对方提供的合同初稿基本可行，由主任或指定值班长、领班就维修手段、零配件质量、维修效果及付款方式等合同内容逐一进行讨论，并提出修改意见。

3. 双方协商确定合同条款,工程部必须强调和坚持维修质量、维修效果及违约责任。

4. 签字的合同须经正式打印(一式四份)。

5. 双方法人代表到场签字、盖章,必要时要进行公证;合同经双方签字后,即生效,受到法律保护。

## 设备设施年检报告、整改意见等归档工作程序

为了规范安全器具,设备设施年检制度,保证设备安全运行,特制定以下工作程序:

1. 对于定期检查的设备设施及安全器具,必须建立详细的检修档案。

2. 必须强制检查的设备设施及安全器具主要有:

(1) 生活水泵压力表

(2) 电梯

(3) 煤气总表、蒸汽压力表

(4) 高、低压配电柜上的电压、电流表

(5) 电度表

(6) 万用表、兆欧表、钳型电流表

(7) 其他指定设备设施

3. 对于非强检的器具如一般水泵上的压力表等,每年都必须检查一次。

4. 指定责任人在年检前一个月通知有关班组,做好年检前的准备工作,并做好必要的文字准备工作。

5. 有关班组在接到年检通知后要对设备设施进行全面检查,对检查中发现的问题要及时处理,对于一些解决不了的问题要及时向值班长汇报,并提出可行方案。

6. 对于安全器具及压力表、安全阀等送出去检测的设施和仪表,由值班长或有关班组按规定定期送检。

7. 对于年检中提出的问题,有关班组必须及时向值班长汇报,并提出整改方案。

8. 整改方案待主任批准后,必须立即实施,并将整改结果报送有关检测单位备案。

9. 所有年检报告、整改意见、整改结果的资料正本都必须送主任室交内勤统一存档,任何班组、个人都不得私留原件。

10. 有关年检资料由内勤复印后将复印件交给有关班组保管备查。

## 设备更新工作程序

1. 酒店内各设备使用部门每年编制年度预算时,对下年度需要更新或添置的设备,统一报工程部审批后将设备更新费用纳入工程部年度预算中。

2. 预算经总经理批准后,由工程部会同使用部门共同提出设备更新报告,内容包括:设备名称、使用部门、设备型号、性能、用途及所需资金等,设备更新报告报

总经理审批，财务部备案。

3. 总经理批复后，工程部会同财务部对需要采购的设备进行设备采购咨询和联系，对同类产品的供应厂商进行综合比较，在满足使用要求的前提下重点比较各供应厂商的信誉、产品质量、性能及价格等，对供应厂商进行选择后报总经理批准购置。

4. 更新的设备运抵酒店，由工程部值班长指定有关领班按合同要求开箱验收，逐一检查设备及零配件的数量、质量、性能等，同时要求供应厂商提供完整的技术资料。对不符合要求的设备应拒绝接收。

5. 更新设备的安装，由有关领班负责，安装时若需要停水、停电或停空调时，工程部应事先报总经理，通知有关部门并采取应急措施，防止因更新设备影响正常营业。

6. 复杂设备的更新安装，应事先制定施工方案，并由设备供应商协助进行。

7. 更新设备安装后，由工程部负责全面调试（必要时应由供应厂商协助）投入正常运行。

8. 工程部负责对设备使用部门及操作者进行必要的操作培训和指导，必要时可将操作程序、注意事项及日常保养和清洁方法等张贴或（挂在）设备旁，以便操作者掌握及管理人员检查。

9. 工程部对更新设备进行逐一编号，建立设备技术档案。

## 配电房日常运行工作程序

一、标准

1. 值班电工必须受过供电局专业培训，并取得供电局颁发的配电操作合格证书。

2. 配电房执行 24 小时值班制，如必须离开，应有人顶替，并通知值班长。

3. 严禁携带易燃易爆物品及食品进入配电房。

二、程序

1. 提前 15 分钟进行交接班，严格按照《交接班制度》进行交接。

2. 每 2 小时对配电设备巡视一次并认真作好记录，发现可疑现象及时向领班汇报。

3. 按《高压配电所安全操作规定》执行倒闸操作，倒闸操作应由值班长指令填写操作表，先模拟后操作，必须一人操作，一人监护。

4. 配电房应急操作应严格执行《应急操作规定》进行操作，若发现高压开关故障，不允许带负荷切合开关。

5. 设备运行中如有继电保护动作，应迅速查明原因，采取复位措施，并做好详细记录报告值班长。

6. 维修配电设备前必须报值班长批准后方可实施。

7. 每天检查门窗、电缆沟及墙壁等是否有破损，防止小动物进入。

## 客房装饰维修工作程序

一、标准

1. 接到维修单后,应在10分钟内到达现场。

2. 为客人开锁时,除客人外,应不少于两人在场,开密码箱、保险箱时,应有安全部门人员在场。

3. 维修工作质量要求如下:

(1) 正门及门牌安装端正、牢固,门及门框与合页连接紧固,开关无响声,油漆光滑、无损坏。

(2) 门镜不松动、透视好。

(3) 门后火灾疏散线路图与房间号对应,安装端正、牢固。

(4) 闭门器阻尼作用良好,开门不费力,关门无大响声,能自动锁紧门锁。

(5) 防盗链安装紧固,所有五金材料无锈蚀。

(6) 所有墙面及天花板无污染,墙纸无破损、开胶、起泡现象。对墙纸、墙布的修补,必须在1.5m以外看不到接缝。

(7) 地毯铺设平整、绷紧,接缝无开胶。

(8) 窗及窗框无破损、密封良好。

(9) 窗帘开启省力,滑动自如。

(10) 所有家具油漆完好,防火板无破损,家具门无变形,合页紧固,开关自如、无响声。

(11) 所有抽屉开关轻松、拉手紧固。

(12) 椅子、沙发无破损、不松垮。

(13) 床头板安装端正、紧固。

(14) 电视机旋转架旋转自如,能在任一角度停止。

(15) 室内装饰画安装端正、牢固。

(16) 卫生间内洗手盆、云石边、浴缸边、马桶地座边、地角边等硅胶密封良好、无缺损,且美观整齐。

(17) 云石台、墙面、天花板、地面无破损。

(18) 面纸盒、卫生纸架、浴缸扶手、布草架、挂衣钩等安装牢固。

二、程序

1. 接到请修通知单后,根据维修内容、区域,备好维修材料、工具及旧床单。

2. 进入楼层客房区域维修应由楼层服务员开门,若门上挂有“请勿打扰”,任何时候均不得进入,另找维修时间。

3. 若门上未挂“请勿打扰”,先由服务员敲门、开门,维修中应保持房门打开。

4. 在维修中易造成污染的项目应先铺好旧床单,不动用客用设施。

5. 维修工作力求迅速、高效，尽量不打扰客人。

6. 维修施工完毕，必须清理现场，恢复原状，保持周围环境清洁。

7. 由报修部门有关人员检查签字确后认，回值班室消单，并登记进出楼层的时间、地点。

## 客房卫生洁具维修工作程序

一、标准

1. 接到维修单后，应在10分钟内到达现场。

2. 热水出水温度保持在48℃～55℃之间。

3. 维修工作质量要求为：

(1) 洗手盆冷、热水开关正常、不滴漏，出水畅通，水不四溅，冷、热水标志正确（左热、右冷）。

(2) 马桶上下水无过大声响，上水量适度，下水通畅。

(3) 各阀门及马桶底座无渗漏。

(4) 浴缸冷、热水开关正常、不滴漏，出水量充足，冷、热水阀门标志正确，转换阀工作正常，无漏水。

二、程序

1. 接到请修通知单后，根据维修内容、区域，备好维修材料、工具及旧床单。

2. 进入楼层客房区域维修应由楼层服务员开门，若门上挂有"请勿打扰"，任何时候均不得进入，另找维修时间。

3. 若门上未挂"请勿打扰"，先由服务员敲门、开门，维修中应保持房门打开。

4. 在维修中易造成污染的项目应先铺好旧床单，应特别注意维修工作不能对上下楼层其他卫生间的给、排水等产生影响，否则，必须先向值班长汇报。

5. 维修工作力求迅速、高效，尽量不打扰客人。

6. 维修施工完毕，必须清理现场，恢复原状，保持周围环境清洁。

7. 由报修部门有关人员检查签字确后认，回值班室消单，并登记进出楼层的时间、地点。

## 客房弱电设备维修工作程序

一、标准

1. 接到维修单后，应在10分钟内到达现场。

2. 维修工作质量要求为：

(1) 床头控制柜所有开关不松动，动作可靠、接触良好，电源插座无破损。

(2) 室内电视机及电源插座接触良好、电源插座无破损。

(3) 天线插座接触良好、不松动。

(4) 电视机选台正确、图像清晰、伴音正常。

(5) 音响选台良好，音量旋钮接触良好。

(6) 电话无破损、信号良好，拖线无破损、收放自如。

(7) 烟感器安装牢固、动作可靠。

二、程序

1. 接到请修通知单后，根据维修内容、区域，备好维修材料、工具及旧床单。

2. 进入楼层客房区域维修应由楼层服务员开门，若门上挂有“请勿打扰”，任何时候均不得进入，另找维修时间。

3. 若门上未挂“请勿打扰”，先由服务员敲门、开门，维修中应保持房门打开。

4. 在维修中易造成污染的项目应先铺好旧床单，不动用客用设施。

5. 维修工作力求迅速、高效，尽量不打扰客人。

6. 维修施工完毕，必须清理现场，恢复原状，保持周围环境清洁。

7. 由报修部门有关人员检查签字确后认，回值班室消单，并登记进出楼层的时间、地点。

## 客房电气维修工作程序

一、标准

1. 接到维修单后，应在10分钟内到达现场。

2. 维修工作质量要求为：

(1) 所有灯开关接触良好、安全可靠。

(2) 所有灯具(壁灯、筒灯等)安装牢固可靠，灯泡瓦数应符合灯具安装标准和客房使用要求。

(3) 螺口灯头相线应接在螺口灯头底簧片上。

(4) 室内所有明线不应有接头。

(5) 所有电器开关、插座与墙体安装应牢固、端正。

(6) 浴室日光灯启辉正常、无闪动、无噪音。

(7) 剃须刀电源220/110V输出正常。

二、程序

1. 接到维修通知单后，根据维修内容、区域，备好维修材料、工具及旧床单。

2. 进入楼层客房区域维修应由楼层服务员开门，若门上挂有“请勿打扰”，原则上不得进入，另找维修时间。

3. 若门上未挂“请勿打扰”，先由服务员敲门、开门，维修中应保持房门打开。

4. 在维修中易造成污染的项目应先铺好旧床单，不动用客用设施。

5. 维修工作力求迅速、高效，尽量不打扰客人。

6. 维修施工完毕，必须清理现场，恢复原状，保持周围环境清洁。

7. 由报修部门有关人员检查签字确认后，回值班室消单，并登记进出楼层的时间、地点。

## 客房空调、冰箱维修工作程序

一、标准

1. 接到维修单后，应在 10 分钟内到达现场。

2. 维修工作质量要求：

(1) 空调控制开关接触良好，使用正常，刻度指示与室温相对应。室温要求：夏季 20℃～26℃，冬季 18℃～23℃。

(2) 风机盘管无异常响声。

(3) 出风口安装端正、百叶导风口不直接吹向天花板及墙壁。

(4) 回风过滤网清洁，接水盘畅通、无污物。

(5) 室内电冰箱运转正常，压缩机无异常振动。

(6) 冰箱门密封良好。

(7) 冰箱内照明正常。

二、程序

1. 接到维修通知单后，根据维修内容、区域，备好维修材料、工具及旧床单。

2. 进入楼层客房区域维修应由楼层服务员开门，若门上挂有“请勿打扰”，任何时候均不得进入，另找维修时间。

3. 若门上未挂“请勿打扰”，先由服务员敲门、开门，维修中应保持房门打开。

4. 在维修中易造成污染的项目应先铺好旧床单，不动用客用设施。

5. 维修工作力求迅速、高效，尽量不打扰客人。

6. 维修施工完毕，必须清理现场，恢复原状，保持周围环境清洁。

7. 由报修部门有关人员检查签字确后认，回值班室消单，并登记进出楼层的时间、地点。

## 客房电子门锁故障处理程序

电子门锁的执行动作是受电脑控制的，因受到电压，环境温度等的影响，有时会失灵，打不开。出现这种情况后，维修工应采取以下步骤：

1. 迅速通知安全部，用紧急备用(机械)钥匙将门打开。

2. 由工程部专业人员到场维修，如一时难以修复，则立即通知服务员，先给客人换房。

3. 如故障无法修复，工程部应申请更换一套。

4. 故障锁由工程部与供应商或代理商联系维修事宜。

## 装修计划保养工作程序

一、标准

1. 在公共区域维修必须竖立“正在维修”告示牌，维修完毕必须将周围现场清理干净。

2. 维修质量标准参照“客房装修工作程序”中相应部分。

二、程序

1. 按维修计划，根据维修内容、区域，备好维修材料、工具及旧床单。

2. 在前台公共区域客房进行计划维修应先将维修内容、时间发内部通知给有关部门，征得各部门的同意后再进入维修区域。

3. 客用公共区域的计划维修，必须以不影响对客服务为原则，反之如影响较大要安排在夜间施工，并要通知有关部门。

4. 在计划维修中易造成污染的项目，应采取保护措施，铺好床单。

5. 计划维修施工完毕，必须清理现场，保持周围环境清洁。

6. 计划维修完毕，必须经领班检查确认签字认可。

7. 每一项计划维修完毕认真填写维修保养记录。

8. 维修保养中拆下的材料及施工中多余的材料应交回班组集中管理。

## 闭路电视系统播放工作程序

一、标准

1. 按《许可证》的接收目的、接收内容、接收方法、接收方式、收视对象的范围要求接收境外电视节目。

2. 电视节目不少于16个频道，结束时间不早于次日凌晨2:00。

3. 闭路电视节目的切换需在20秒钟内完成，保证不发生人为的播放事故。

二、程序

1. 播放闭路电视前，须提前检查播放设备是否正常，节目带与节目单是否吻合。

2. 把当天需播放的电视节目带全部倒好。

3. 在播放节目前，先把影碟机电源、切换器电源开启，再把影碟放进A、B影碟机内，准时播放。

4. 打开电视机，监视播放是否正常。

5. 节目切换时间不得超过20秒。

6. 节目全部播完后，先将影碟取出，再分别将电视机、影碟机、切换器电源切断。

7. 必须按时做好记录。

## 音响系统播放工作程序

一、标准

1. 按一周播放计划播放音响节目，严格保证播送质量。

2. 按四星级酒店要求，保证服务时间和频道数目。

二、程序

1. 开机程序

(1) 先打开总电源，再打开三个单元机柜电源、仔细检查每台设备的电源指示灯是否点亮。

(2) 检查卡座内的录音带及CD机内的CD盘是否放在正常的待播状态。

(3) 按“PLAY”键，启动卡座和CD机。

(4) 把卡座和CD机转置在循环状态。

(5) 打开监听系统，仔细监听各套节目是否正常播放。

2. 关机程序

(1) 按“STOP”健，停止卡座和CD机的正常运转。

(2) 把卡座内所有的录音带都倒回头，为第二天的开机做好准备工作。

(3) 分别把几个机柜的电源切掉。

(4) 最后切断总电源。

3. 每班按时做好记录。

## 宴会及会议音响服务程序

一、标准

必须在宴会和会议开始前1小时将所需一切设备安装完毕、调试正常。

二、程序

1. 弱电工在接到值班室通知后，查看所需服务时间、地点及要求。

2. 准备并检查所需音响设备。

3. 安装、调试设备至正常状态。

4. 若客人临时提出新的要求，应尽量设法满足；要求迅速、准确。

5. 宴会及会议结束，及时查点、收回设备。

## 接待重要客人时的工程设施保障工作程序

一、标准

确保重要客人在店期间水、电、气、空调、通讯、电梯等的正常运行和使用。

二、程序

1. 在客人来店前三天必须做好以下准备工作。

(1) 给供电、自来水、煤气公司、供气单位、电信局等有关单位送交保电、保水，保气、保通讯申请，并向这些单位领导说明这次接待工作的时间及其重要性。

(2) 由主任主持部门领班以上人员会议，具体布置各班组的任务：

值班室：具体安排、协调各班组的检修工作，向气象部门了解近期天气情况。

电工组：检查客人所住房间及其用餐等活动区域的所有电器设施是否安全、可靠。

弱电组：检查有关区域所有电话、烟感器、电视机等是否正常，如果是外宾，应准备几张客人所在国的CD或录音、录像带。

空调组：检查有关房间、区域的温、湿度及空调机组，并清洗过滤网。

维修组：负责客人房间、有关设备的检查维修，并做好客人所在区域装修出新和修补工作。

(3) 主任在客人抵店前将上述所有工作进行一次全面检查，发现问题立即安排整改；同时要和安全部讨论消防误报的控制方法，做到既保证安全又不骚扰贵宾。

2. 贵宾抵(住)店期间做好如下准备工作。

(1) 在贵宾抵店前两小时，主任应在大堂及有关公共区域进行最后检查，发现问题立即处理。

(2) 摄像人员必须做好准备，提前1小时到大堂待命。

(3) 在贵宾抵店前1小时所有公共区域的维修人员不得进入大堂。

(4) 在贵宾每次用餐及在店其他活动前一小时，主任必须到餐厅及有关区域进行检查，确保温、湿度适宜，灯具等设施完好；在客人活动期间，派一至二名电工保驾，确保万无一失。

3. 贵宾离店后，由主任召开一次工作总结会，表扬接待工作中的好人好事，找出不足之处以便今后改进。

## 消防系统日常检查工作程序

工程部必须保证消防设施系统一直处于良好状态，防止因失灵而贻误灭火，扩大灾情，为此，特制定《消防系统日常检查工作程序》。

1. 每日定时巡查总控盘工作状况，查看安全部当班记录，遇到问题及时解决。

2. 对暂时无法解决的问题做好记录，并向值班长书面汇报，通知安全部加强巡视。

3. 对酒店各楼层消防报警区域盘、地图盘进行巡视检查，发现问题及时处理，保证处于良好工作状况。

4. 对卤代烷系统进行检查，保证设备正常。

5. 对故障报修和报警情况及时处理，并做好记录。

6. 巡查消防水泵是否正常、控制柜开关选择应放置在自动位置上。

7. 巡查各楼层消防栓是否正常，报警电话是否畅通。

## 强电系统计划保养工作程序

一、标准

1. 对线路维修应在配电柜上挂“严禁合闸”标示牌。

2. 电工必须持有供电局认可维修电工上岗证书。

二、程序

1. 完成当日计划性保养工作。

2. 每天安排巡查配电间、公共区域用电、照明、安全情况并做好记录。

3. 每半年对动力配电柜电器清洗维修一次。

4. 对重点设备使用的交流接触器定期更换。

5. 对自动启动、停止触点以及接点仪表触点每年清洗、试验一次。

6. 对电工所管辖电动机每年保养一次。

7. 对所用测量仪表(万用表、兆欧表、钳形电流表)定期送计量部门鉴定,确保准确和人身安全。

8. 由领班填写维修工作日报。

## 电梯运行检查工作程序

1. 上班时首先检查所有电梯是否正常运行。

2. 遵照值班长的调度令进行特殊情况下的运行检测。

3. 定期巡查电梯机房有无异常响声,各轴承温度是否正常,制动轮与制动瓦有无摩擦声,各电器开关有无局部高温或焦味。

4. 乘坐电梯、运行、启动、停层是否平稳,指令、指层是否准确无误,有无异常响声,各层门开关是否正常,安全触板、光电保护是否可靠。

5. 地坑、缓冲器、断绳开关是否正常,补偿绳长度是否合适,涨紧装置是否适中,配重的冲程是否可靠。

## 电梯应急情况处理程序

电梯应急情况主要是指电梯突然停住或打不开门,把人关在电梯内,当班人员接到信息后,不能惊慌,按下列步骤处理:

1. 接到故障信息时,立即确认电梯停在哪一层。

2. 与轿厢内客人通话,说明情况,让客人不要惊慌,静候解救。

3. 技工到故障梯所停梯层的上一层,用专用钥匙将厅门打开,登上机顶。

4. 将运行开关置于手动(即慢车位置),当轿厢与楼层平层时,在机顶盘动开门电机,打开轿厢门,放出客人并礼貌地向客人致歉。

5. 若发生慢车位置无法运行时,则应立即去机房采用盘动电梯方式放人,同时将情况汇报值班长;在盘动电梯前先切断故障梯电源,用专用工具将抱闸一松一停,观察钢丝绳上的楼层标志,待电梯平层后,迅速去该楼层打开厅门,将客人平安放出;必要时盘车操作可由两人配合进行;如一松一停电梯仍无法移动,则用人力盘机放人。

## 电梯克缆操作程序

1. 将电梯开至顶层，测量其砣铁底至井底缓冲器的距离。

2. 测出平衡砣铁在顶部时轿厢底至缓冲器的距离。

3. 根据第2项尺寸和计划提高的高度，并经复查后定出克缆的长度，并做好尺寸记录。

4. 将轿厢停至顶部，在井道坑中，用钢管、粗木棍顶住砣铁。

5. 用5吨葫芦将轿厢提起，操作工在轿厢顶用手提砂轮机逐一切割钢缆，并"进行窝接"（操作中注意防火）。

6. 克缆完毕，松开葫芦，经指挥者检查确认无误后，低速行机，随即观察缆辘缆的松紧，经检查无异常即行快车观察乘感。

7. 克缆次日作打缆检验，并测准各安全距离，记录在设备档案上。

## 空调系统计划保养工作程序

一、标准

1. 维修必须持有供电局认可的维修电工上岗证书。

2. 现场带电作业必须一人监护一人作业。

3. 保证酒店空调温、湿度满足以下要求：

冬季：温度18℃～23℃，相对湿度45%～55%；

夏季：温度20℃～26℃，相对湿度50%～60%。

4. 对系统设备的保养，原则上应满足以下要求：每半年对空调系统检修一次；每年对空气处理单元、排油烟机保养一次，每两年对消防风机保养一次。

5. 每年对空调冷冻机、冷却水系统进行一次清洗，确保空调效果。

二、程序

1. 每天巡检空调机房、抽排烟机房，检查设备运行、电器联动情况，并做好记录。

2. 按维修保养计划进行保养前准备工作，若需领用材料需经主管签字。

3. 保养工作结束，先进行试运行，填写保养记录表，运行正常后通知值班长。

## 大修项目及外协加工申请工作程序

1. 由各班组针对具体项目询三家以上报价。

2. 根据几家公司（厂家）的报价及其实力、声誉等情况，选择其一。

3. 由相应班组领班将大修项目及外协加工件的名称、数量及报价填写在申请表内。

4. 由工程部主任就该项目进行审批，然后交财务部审批。

5. 申请表审批完毕返回后，通知相应班组主管进行实施前的准备工作。

6. 大修项目完工后，填写验收单，由工程部主任验收、签字。

### 工程材料采购申请工作程序

1. 各组领班根据维修计划及实际需要填写工程材料采购申请表，注明材料名称、型号、规格、产地、数量等。

2. 由工程部主任对申请表进行审批。

3. 将申请表送交财务部审批。

4. 通过审批手续后，外出采购。

### 砂轮机操作程序

1. 操作前，检查砂轮转轴是否装配可靠，砂轮切削面是否平整，防护罩是否可靠。

2. 根据工件材料合理选用砂轮品种。

3. 操作时，必须戴防护眼镜。

4. 操作中，严禁人与砂轮正对，操作人员须站在砂轮的侧面。

5. 操作时，应使工件缓慢接触砂轮，严禁用力过猛。

6. 严禁用砂轮磨削超长工件、薄铁板等。

7. 使用过程中，如发现设备有异常声响，须立即停机。

8. 使用后，切断电源，清扫工作场所。

## 8.3 管理制度

### 工程部员工工作守则

工程部是以酒店内各种设备、设施为工作对象的职能管理部门，而保证这些设备的正常运转和设施处于良好状态是工程部的中心工作，这是创造一流服务的前提和保证，为确保这项中心工作的顺利完成，特制定《工程部员工工作守则》作为全部门员工工作和行为的准则。

一、坚持四项基本原则，加强两个文明，热爱祖国，热爱旅游事业，热爱酒店，热爱本职工作。

二、自觉遵守外事纪律，遵守员工守则，服从领导，听从指挥，忠于职守，尽职尽责。

三、文明礼貌，优质服务，谦虚谨慎，团结合作，任劳任怨，顾全大局，勤俭节约，确保安全。

四、树立一切为客人的思想，明确酒店工程部工作的特殊性，时时处处以让客人方便为出发点，要具备为搞好酒店服务，为其他部门填石铺路的思想。

五、要有整体观念，班组之间协调配合，互相支持，通力搞好维修保养工作。

六、要努力学习钻研业务技术，力求一专多能，确保维修工作高质量。

七、树立整体责任感，任何人发现设备设施有问题或故障，都要主动排除或及时报告值班室处理。

八、明确逐级管理的程序，每位员工在工作中出现疑难时，首先请示所在岗位的领导，反对越级汇报。

九、对设备、设施要以防为主，力求使设备突发事故减少到最低限度。

十、要把工作重点放在前台区，当维修任务重，工作发生矛盾时，要首先确保前台的维修任务的完成，即先前台、后后台的原则。

十一、设施发生故障，要立即组织维修，能不过夜的工作，应全力解决，不能拖到第二天，力求使设备始终处于完好状态。

十二、树立勤俭节约思想，要注意节能、节物、物尽其用，要以自修、自做为主；除非技术能力有限或工作任务过于紧迫而影响正常运转，一般情况下不求外援。

十三、要合理安排维修时间，对客房区的维修要尽量在客人外出时进行（客人要求急修除外），对公共区域的维修最好安排在夜间进行。

十四、在前台区维修应遵守"三轻一洁"原则，在客人面前要注意礼貌，不大声喧哗，每项工作结束后，都必须做到工作完毕场地清。

十五、"宾客至上、服务第一"是我们工作的宗旨，"热情礼貌、安全周到、准确高效"是我们的服务准则，运用现代管理方法是我们的管理目标，出色完成设备运转和维修任务是我们工程部全体员工的任务。

以上工作守则请工程部全体员工自觉遵守执行。

## 工程部值班室值班制度

工程部值班室是工程部的指挥调度机构，值班长必须有高度的责任心并熟悉酒店的设备设施状况，并能果断及时地处理日常事务及突发事故，严格按照下列制度进行：

1. 值班长必须提前15分钟到岗。
2. 严格按照交接班进行交接，并作交接班记录。
3. 迅速、热情应答往来电话，详细记录所有信息。
4. 热情接待各部门员工，承接维修单，按规定进行登记，根据轻重缓急组织有关人员维修。
5. 对当日未能完成的维修单实行跟踪管理。
6. 及时处理投诉。

7. 如有重大问题与事故必须汇报主任。

8. 夜班行使主任权力对本班工作中出现的问题进行果断处理。

9. 按时对重要岗位及设备、设施进行巡检。

10. 对各班组工作关系做好调度、衔接工作。

11. 做好能源统计与分析工作。

## 工程部值班室顶岗规定

值班室是工程部的运行、调度中心，每天 24 小时必须有人值班，随时接电话、处理日常工作；如遇值班长因外出巡检及处理事情不在值班室，必须有人顶岗，保证日常工作顺利进行；特规定当值班长不在岗时根据实际情况，安排顶岗人员。

值班长有权对所有当班人员进行调度、指挥，如需顶岗，在接到顶岗通知后应迅速到值班室，顶岗期间要做好各种电话记录；如遇重大事情立即与值班长联系；待值班长回岗后，立即汇报在岗期间的一切事情，做好交接工作。

## 值班长签字领料制度

1. 值班长签领的用料单，只限于酒店的日常维修工作，除此之外，须由工程部主任批阅。

2. 各班组在维修工作中，若需领用材料，必须在领料单上注明材料数量及用于何处。

3. 值班长对领用材料要严格控制，原则上从库房领出整箱、整件，如材料量大的，必须由有关领班签字后再交值班长；必要时值班长可核查材料的用量和去向。

4. 对未在领料单上注明用于何处或材料领用量与实际用量不符者，值班长应拒绝签字并汇报部门领导。

## 值班室调度纪律

工程部值班室是代表部门下达机械、电力设备的日常运行指令，并对酒店设备设施进行日常维修的指挥、控制、调度、协调、考核的常务机构。当部门领导不在时，代表部门领导对全体在岗人员进行指挥调度。

1. 所有运行工，每天接班前都必须到值班室签到，晚上的值班维修人员必须在值班室待命，如离开值班室必须向值班长说明去向，并及时返回。

2. 运行工在工作期间不许随便离开工作岗位，如遇吃饭或其他原因必须离开工作岗位时，应电话报告值班室，由值班长派人临时代班，代班人员一定要等运行工回来后才能走开，并向值班长汇报。（吃饭时间和其他原因离开不得超过 30 分钟。）

3. 值班室在收到各部门的维修通知单后，需立即登记，并通知有关人员及时进行维修，对重点客房的维修和其他急修在10分钟内到达现场。

4. 值班长负责执行岗位职责监督检查，按时巡视各岗位的设备运行情况、环境卫生、安全生产和保障措施，检查运行人员对设备、设施的操作状况。

5. 大、小夜班期间，值班长负责发布一切工作指令，工程部这一期间全体在岗人员应认真完成值班长下达的各项维修和工作指令，不得相互推诿或拒不执行，确保维修工作的顺利进行，对一些有班组争议工作，由值班长决定，对不服从或无理推诿必须严肃处理。

6. 值班长对在岗人员违纪现象有权向违纪当事人提出批评教育，对拒不接受批评教育者，值班长可视情节轻重，向违纪当事人提出口头警告或签发过失通知单并汇报主任。

7. 值班长参与每月对员工的考评工作，按工作成绩的好坏、维修服务态度和运行负责态度来评估员工的工作，并向主任提出奖惩建议。

## 工程部设备管理制度

1. 工程部是酒店设备管理的职能部门，大型动力设备、电力设备、机械设备，如配电系统、空调系统、供排水系统、电梯、音像等运行管理和维护保养，由工程部全权负责。

2. 其他部门使用的设备，如洗衣设备、清洁设备、厨房设备等由工程部负责定期地维修、保养和随时性维修，使用部门负责日常维护保养。

3. 设备使用部门有责任爱护和管理好自己使用的设备，若因使用者责任心不强或不遵守操作规程而损坏设备，要追究使用者的责任。

4. 工程部应协同有关部门和人员制定设备操作规程，进行操作前培训，建立管理和维修保养制度。

5. 对于技术性复杂或操作者一时难于掌握的设备，将操作规程和日常必需的保养工作写成文字条款，挂在设备旁醒目位置上。

6. 使用部门领导负责督促本部门员工正确地使用、维护设备。

7. 工程部应与设备使用部门保持经常联系，负责技术指导，做好设备的管理与维修保养工作。

8. 设备若需维修，一定要将设备名称、损坏原因、损坏程度、使用单位和人名填写在维修单上，如属责任事故，且损坏严重，应向有关部门讲明，双方若有意见分歧，则由双方写出事故分析报告上交总经理室处理，不准影响设备维修和正常工作。

9. 制定设备的月度、季度、年度维修保养计划，做到定时维修保养，保证酒店设备处于良好的技术状态。

10. 凡重大节日、重要会议、重要宴会、重要贵宾来访，工程部要对设备进行特别的技术检查，做到万无一失。

11. 对维修保养过的设备，有关领导要进行质量检查，对维修保养质量好的人员要进行表扬，对保养差的未达到质量标准的要责其重做，并进行批评。

12. 工程部是酒店设备管理的技术部门，有责任保证酒店设备处于完好的技术状态，有权力对各使用部门进行技术指导和监督，对设备经常进行检查。

## 工程部设备档案制度

建立设备档案是为了更好地了解设备，掌握设备的技术性能，提高维修和管理水平，达到管好、用好设备，设备档案应收存以下档案资料。

1. 酒店各种大型动力设备、电力设备、机械设备、关键性设备、技术性较复杂的设备档案资料，具体内容是：

(1) 设备的名称、型号、编号。

(2) 设备的制造厂家、出厂日期、安装日期、始用日期。

(3) 设备的供应商、设备价格。

(4) 设备原始技术数据和运行技术数据、维修保养要求等。

2. 设备的定期维护保养记录，包括：

(1) 设备维修部位、更换的零部件。

(2) 保养维修后设备的运行与技术状况。

(3) 设备保养维修的日期及维修者。

3. 设备在使用过程中发生的故障，故障前的先兆和现象，修理的部位，所更换的零部件，修理日期和维修者等。

4. 设备技术档案及其他管理资料：

(1) 酒店施工竣工验收的整套档案资料。

(2) 设备的规范、标准、各项制度。

(3) 设备新技术信息及资料。

(4) 职工技术考核标准及资料。

5. 设备事故分析档案资料：

设备因非正常原因造成损坏，影响酒店的正常营业，在对设备事故三不放过的同时(原因没查清不放过，肇事者和员工没受到教育不放过，没有防范措施不放过)还必须建立设备事故档案资料，主要资料如下。

(1) 设备发生经过及损坏情况：

① 事故报告人，设备事故当事人。

② 事故性质与类别，设备停机时间，设备损坏程度。

(2) 设备事故原因分析：

① 设备操作是否违反操作规程，有无擅离职守。

② 设备是否未按期检修，有无忽视安全措施，检修质量是否有问题。

③ 设备是否先天不足。

(3) 防止设备事故措施及处理意见。

## 设备保养维修制度

1. 设备的保养维修是工程部的主要职责，设备的好坏将直接影响酒店的服务标准和水平，对影响营业的设备应及时抢修，不允许因设备原因而影响酒店的正常营业。

2. 需急修的设备应由使用部门电告工程部值班室，然后补办设备维修手续，工程值班室接报后应立即派出人员进行抢修，并报工程部主任，维修工作结束后由使用部门验收签字，如一时不能修复，应向有关部门解释，并根据情况向运转总经理汇报。

3. 设备如需维修，须将设备名称、损坏原因、使用单位填写在维修单上送往工程部值班室，工程部值班室接单后，安排人员进行维修，对于重要设备的维修，维修工必须在10分钟内到达现场，维修结束后由报修部门验收签字。

4. 设备损坏经调查核实属人为责任事故的，应根据损坏程度、造成的经济损失、责任人认错的态度，以及日常工作表现等进行酌情处理。

5. 制定设备的三级保养维修计划，做到定时进行保养维修，以防为主，以修为辅，保证酒店设备处于良好的工作状态。

6. 对维修保养过的设备，有关领导要进行质量检查，对维修质量好的人要表扬，对质量差的未达到质量标准的要责其整改，使其重新符合质量要求。

7. 凡遇重大节日、重要接待任务前，工程部要对设备进行一次大检查，做到万无一失。

8. 对设备的保养维修，要视酒店的经营特点和规律进行，一般安排在淡季和深夜，以不影响酒店营业和宾客活动为前提。

## 设备设施外包保养维修工作的监督制度

1. 对照合同内容，分清是属于何种级别，如大修、中修、小修、保养等级。

2. 监督更换的新配件质量，如原装进口、组装、国产，原则上要求按原设备要求配置，不可降低等级。

3. 技术参数符合合同要求。

4. 保养修理后，将设备运行状况进行比较；如未能达到修前状况或不如以前，应毫不妥协地按合同要求应督促对方排除故障，解决问题，达到规定的技术参数。

5. 如对方提出“技改”方案，工程部应慎重对待，不可盲从。

6. 防止对方给设备“打强心针”，对方不合规范的操作及修理工艺，要直接提出，防止将故障隐患扩大，防止对方治标不治本。

7. 关键部位的技术参数，双方应到场验收，工程部应派技工配合专业公司，确保保养维修的质量。

## 工程部交接班制度

一、交班人员在交班前应将需交接的事项总结记录在交接班记录本中，检查整理好各项运行原始记录，具体做到：

1. 设备的运行方式、情况和交接班时的运行方式。

2. 设备设施、机械、动力运行情况和设备缺陷。

3. 设备的检修和验收情况。

4. 当班未了事项，需下一班继续进行的工作。

5. 交清工具、安全用具、仪表等公用器具。

6. 上级命令和有关指示。

7. 整理、检查交清各项运行记录。

8. 交班前要完成规定的清洁卫生工作。

二、接班人员应提前十五分钟到岗，做好接班准备工作，具体接班内容包括：

1. 查看上一班运行记录、交班记录、听取上一班值班人员的运行介绍，检查和核对记录、资料。

2. 检查设备运行情况，交班人员应将交班内容按顺序逐项口头交代，接班人员应逐项核查，并到现场核对运行参数，对于交接中发现的任何疑问都应询问清楚，严格按照“交不清不接班、接不清不交班”的准则办事。

3. 检查仪器、仪表，清点工具、安全用具，若有问题应当场搞清楚。

4. 当现场设备交接，检查完毕无误，双方确认清楚情况后，在交接班记录本上双方签字，交接手续才算完毕。

三、下列情况不得交接班，并向值班长汇报：

1. 上一班情况未交代清楚，运行原始记录不清楚，工具、安全用具等公用器具不全又不能说清去向。

2. 交接班时遇重大操作或发生异常情况应立即停止交接班，待处理完毕后或告一段落时方可办理交接班手续。

3. 接班人员未按时到岗接班或接班人数未达到所需接班人数时，交班人员不得下岗。

4. 如发现接班人员有醉酒或精神异常时应拒绝交接班，查明情况并向上级汇报，听候处理。

5. 当设备出现故障影响运行或影响营业时需排除故障并确保不影响下一班正常操作、运行后，才能进行交接班。

四、工程部所有运转、值班人员必须到值班室上岗签到和下岗签走。

## 电话交换机系统日常运行维护制度

1. 每日检查机房温度，应始终保持在20℃～30℃之间。

2. 保持机房内整洁，干净无灰尘。

3. 检查交换机主机柜和外围机柜各种灯显及监测装置的工作状况，如出现异常，应立即检查并排除故障，必要时应汇报主任。

4. 检查主、外机柜及其电源部位有无故障显示。

5. 如遇故障一时难以解决，要及时上报主任，并立即与供应商联系。

6. 每日检查酒店出入中继线，将故障线报电信局，做好日报记录。

7. 如遇有大量中继线故障，应立即向电信局了解情况，并向主任，工程部值班室及接线员通报情况，做好记录。

8. 所有新增分机(含增设同线分机电话)都要由申请部门提交书面报告，并经总经理批准，方可进行安装。

9. 任何涉及分机功能属性(市话，长话)的调整应依据其所在部门的申请和上级批文进行。

10. 任何分机数、服务等级的修改，执行者应做记录，以备检查。

11. 日常工作人员在进行系统维护操作时，应严格按程序进行，做修改维护时应使用打印机进行记录，以便有据可查，所有涉及系统参数、客户参数等内容的修改，应慎重，应尽量避免单独操作，所有维护修改都要登记在案。

## 工程部音像室管理制度

电视、音响是丰富酒店宾客娱乐生活，也是对内、对外的宣传工具，它是酒店设施和服务的一个重要组成部分。播放、维修工作的好坏，将给酒店的服务质量带来直接的影响。因此，音像室工作人员必须做到以下几点。

1. 树立自觉的工作责任心，不迟到，不早退，忠于职守，全心全意做好本职工作。

2. 爱护机房的设施设备，未经许可，不得随意拆动，不得随便将音像器材、设备、仪器借出，对设备器材要认真保养维护，保持所有设备、器材的清洁与完好。

3. 值班人员必须提前进入机房，准时上岗，做好播放前的准备工作，要严格按时、按节目单播放音像节目，播放时必须监视，保证播放质量，闭路电视节目切换需在20秒钟内完成，保证不发生人为的停播事故。

4. 任何人不得私自复制录像带及录音带，不得私自放音像带(包括自己的录像片)消遣娱乐，不得私自外借、交换音像带。

5. 维修人员在接到维修通知后应即时修理，不允许拖延、推诿，工作中每个员工要精诚配合，保质保量地完成任务，到有客人的场所安装维修时一定要注意礼貌礼节，不大声喧哗，工作完毕后迅速离开。

6. 搞好音像资料的管理工作，如录音、录像带、激光唱(视)盘等的收集、整理、登记工作，制订音像节目目录单，一周内节目单确定的录音、录像带、光盘应单独存放，并按顺序陈列，便于工作。

7. 闲杂人员不得进入音像室、外单位参观人员必须事先与工程部联系，征得同意方可进入，并在登记簿上写明来访人姓名、工作单位和进出时间。

8. 保持机房的环境卫生，机房内禁止吸烟，每天至少打扫卫生一次，每周进行一次彻底打扫。

## 工程部配电房管理制度

配电房是酒店的供电中心，也是酒店的重要岗位之一，为保证酒店供电系统的正常运行，特制订管理制度如下：

1. 配电值班人员必须严格坚守岗位，严禁擅自离岗、串岗，特殊情况(如就餐前)需轮流进行或派有高压操作证的电工顶岗方可离岗，绝对禁止配电房无人值班。

2. 本部门领导可随时来配电房检查工作，值班人员可做记录，维修工来进行检修，要在登记簿上写清检修项目以及出入时间，配电值班工必须在检修现场。

3. 外单位人员来机房参观，需经工程部主任同意，并在有关人员陪同下方可进行，并在登记簿上写清来访人员姓名、单位和进出时间，否则值班人员有权谢绝。对不听劝阻者，值班人员应立即向主任或安全部门报告，采取措施。

4. 在岗期间，不得随意将食品带入机房，不准吃瓜子、花生等食品，以防鼠害或小动物进入机房，不看与本工作无关的报纸、书籍。

5. 配电房严禁烟火，不得在高、低压配电柜间内吸烟，如因工作需要动火，必须经工程部领导批准，办理动火证并做好消防应急措施，方可动火工作。

6. 机房内调度电话为工作联系和调度专用，不准用来打私人电话和用作其他用途。

7. 值班人员必须保证本岗位电器设备长期安全运行，不中断连续供电。

8. 值班人员必须严格执行两票三制(工作票、操作票、工作许可制、工作监护制、工作间断、转移和终结制)，迅速正确地按调度令进行倒闸操作及事故处理，确保安全运行。

9. 值班人员应了解配电设备的性能和状况，定期定时巡视检查，认真检查设备，发现异常情况应及时汇报有关领导，做好各项记录。

10. 值班人员必须严格遵守劳动纪律和工艺纪律，按要求穿戴好劳动防护用品，随身携带操作证备查。

11. 保持房内设备和现场清洁，搞好安全工作。

12. 值班人员必须按时填写供电运行原始记录，要求参数正确，字迹端正，不得随意涂改，确保原始运行记录的正确性和严肃性。

## 电梯机房安全制度

1. 除电梯维修保养人员，闲人不得入内，参观学习人员必须经主任同意，由维修工陪同参观。

2. 机房内配备的消防设备严禁擅自挪动和使用，发生火灾迅速报警，并积极组织自救。

3. 机房运行设备，加强巡查，保持清洁，无人时必须锁门，以防闲人进去发生意外。

4. 因运行或维修需要在机房控制电梯时，必须确认该梯无客人，并把门关好，门机电源拉掉，以防客人进去发生意外。

5. 机房盘车装置应放在明显处，不准挪用。

6. 发生紧急情况，应立即向上级汇报，并积极处理以减少损失和影响。

## 电梯维护保养制度

1. 每天对所有电梯进行乘坐，看舒适感是否良好，平层误差是否正常。

2. 每天检查机房温度是否正常，是否清洁。

3. 每天检查机房控制屏、整流器、主机是否工作正常。

4. 检查主机是否缺油和电磁刹车动作的误差大小。

5. 检查门机工作是否正常，厅门、门轨是否良好。

6. 定期检查电梯安全回路是否工作正常。

7. 经常对井道井底进行检查、清扫。

8. 定期对所有机房消防设施进行检查。

9. 对所有检查内容要认真做好记录，以备检查之用。

10. 对电梯维修要做到“心细”、“胆大”，工作认真负责，保证电梯正常运行。

## 制冷机房安全运行制度

制冷机房又称中央空调机房，是调节、控制整个酒店环境温度的重要岗位，制冷设备能否正常运行将直接影响整个酒店的对客服务，为此制定《制冷机房安全运行制度》。

1. 制冷设备操作工应经过专业培训，能熟练掌握制冷设备的操作技能。

2. 制冷设备系统应根据各种管路内流动的工质性质，标上不同颜色的油漆，以示区别。便于维修与操作，同时用箭头来表示工质流动方向。

3. 制冷操作工必须严格遵守各项规章制度和工艺纪律，搞好安全文明生产。

4. 严禁猛开、猛关各种阀门，在各种控制阀手轮上应挂上开、闭告示牌，长期不进行开关的阀门，应定期进行灵活性检查工作，保证在使用时能灵活及时开关。

5. 安全阀、压力表、温度计、电磁阀、继电器等都要定期检查试验。

6. 在机房内应悬挂操作规程和制冷系统工艺流程图。

7. 制冷操作工应在制冷机运行中每小时巡回检查运行情况，检查各温度、压力，应控制在正常范围内。每两小时记录参数一次，不得随意涂改，确保记录的正确性与严肃性。

8. 制冷机在运行期间，操作人员必须坚守工作岗位，不得脱岗，串岗，同时按要求穿戴好劳保用品。

9. 严格遵守交接班制度，交接班应在设备现场进行，接班人员因故未到岗，当值人员不得擅自离岗，并按照"交不清不接班，接不清不交班"的原则进行交接班。

## 冷却塔的保养维修制度

一、每月检修

1. 检查所有轴承的润滑情况，并根据维修说明书要求选择适合的润滑油进行润滑。

2. 检查皮带松紧度是否适中。

3. 检查过滤器是否清洁。

4. 检查、调节排污阀。

5. 检查、清洗喷嘴。

二、每年检查

1. 检查油环。

2. 清理并油漆冷却塔。

## 配电房安全操作规程

一、本房各项倒闸操作必须根据电力调度的命令，操作人填写操作票，正值与值班员核对无误后方可执行，每张操作票只能填一项操作任务。

二、倒闸操作必须由两人执行，其中一个对设备较熟悉者做监护，实行双人监护的唱票制。

三、停电倒电拉闸操作必须按照先拉负荷测，后拉电源测的顺序依次操作，送电顺序与此相反，严禁带负荷拉闸。

四、下列项目应填入操作票内：

1. 应拉合的开关和刀闸。

2. 检查开关和倒闸位置。

3. 检查接地线是否拆除。

4. 检查负荷分配。

5. 安装和拆除控制回路或电压互感器回路的保险丝，切换保护回路和检验是否无电压等。

五、操作前应在模拟板上模拟操作、检查操作程序是否正确。

六、操作中发生疑问时，不准擅自更改操作票，必须向有关负责人弄清情况后再进行操作。

七、在高压设备上工作，必须遵守下列各项：

1. 填用工作票或口头、电话命令。

2. 至少应有两人一起工作。

3. 完成保证工作人员安全的组织措施和技术措施。

八、电器设备停电后，即使是事故停电，在未拉开有关刀闸和做好安全措施以前，不得触及设备或进入栏内，以防突然来电。

九、在发生人身触电事故时，为了解救触电人，可以不经许可，即行断开有关设备电源，但事后必须立即报告上级。

十、在停电设备上工作，或在全部停电以及部分停电设备上工作，必须严格执行保证安全的组织措施和技术措施。

十一、接地线应用多股软裸铜线，其截面应符合短路电流的要求，但不得小于 $25mm^2$，使用前须认真检查，禁止使用不合格的接地器械作接地或短路之用。

十二、每组接地线均应编号，存放在固定位置，并编上号码，装拆接地线，应做好记录，交接时应交代清楚。

十三、线路上如有人工作，应在线路开关的刀闸操作把手上悬挂“禁止合闸，线路有人工作”的标示牌，标示牌的悬挂和拆除，应按有关负责人的命令执行，严禁工作人员在工作中移动或拆除遮拦、接地线和标示牌。

十四、线路的停送电均应按值班有关负责人的命令执行，严禁约时停、送电。

## 电工操作技术安全规程

电工在工作中，必须严格按照国家和当地有关操作和安全技术方面的规定，以及酒店的实际情况，定出以下补充规定：

1. 在厨房、洗衣场等潮湿地点或在夹层工作时，都必须先切断电源，不能停电时，至少应有两人在一起工作，一人操作检修，另一人监护。

2. 停电检修时，应悬挂标志牌，以免发生危险和误合闸。

3. 上梯工作时，应放稳靠妥，高空作业时必须系好安全保护带。

4. 清扫配电箱时，所使用漆刷的金属部分必须用胶布包好。

5. 需要气、电焊配合工作时，应认真做好防火工作，办理好动火证，事后认真检查现场，以免发生火灾事故。

6. 打墙孔时必须带防护眼镜，以免碎石碰伤眼睛。

7. 线路拆除时，应包扎好线头，并将线头放置在不易被人碰到之处。

8. 开合开关时，尽量把配电箱门锁好，利用箱外手柄或按钮操作，手柄、按钮在箱内时，人体不应正对开关操作。

9. 任何机器设备都必须接好保护零线，绝对不得疏忽，以确保安全。

## 厨房设备的保养维修制度

厨房内的设备较为繁杂，为保障厨房设备的正常使用，制定《厨房设备维修保养制度》如下。

一、每周巡检

每周巡检一次，检查以下厨房设备，发现问题及时处理。

1. 电热器具：主要是电炉、电油炸炉、电烤箱等。

2. 煤气器具：主要是煤气炉灶等。

3. 蒸汽器具：主要是蒸箱、保温箱等。

4. 洗涤器具：主要检查洗碗机。

5. 加工器具：主要是锯骨机、切割机、搅拌机、绞肉机和面机等。

6. 冷冻器具：主要是冰箱、制冰机等。

7. 排油烟罩。

二、月度保养

月度保养主要以每周巡检项目为主，结合厨房设备较常出现的故障进行检修，更换易损零件，检查各机器工作情况并督促使用单位做好维护、清洁、保养工作。

三、年度保养

年度保养厨房设备主要在月度保养基础上，全面对厨房四大类设备(加热器类、冷冻器类、洗涤器类、加工器类)进行维护保养，对较常出现故障的厨房设备进行全面、彻底的检修。

## 洗碗机保养维修制度

一、每周巡检一次，发现问题及时处理。

二、月度保养计划

1. 检查涡轮减速箱油位。

2. 润滑链条及各活动支点。

3. 检查水温和蒸汽压力是否正常。

4. 排除漏水、漏油、漏气现象。

5. 检查传动皮带的张紧度，必要时进行调整。

6. 检查水泵的运转情况。

7. 检查主要部件连接螺栓的坚固情况。

8. 检查洗碗机的运转情况及其他附件的完好情况。

9. 检查洗碗机的清洁情况和操作者的操作使用情况，督促使用部门做好维护保养工作。

三、年度保养项目

1. 滚筒轴承及减速箱换油。

2. 检查所有附属阀件的工作性能，必要时拆检修理。

3. 检查洗洁精及干燥剂控制装置的工作性能，调整浓度。

4. 检查皮带及皮带轮的磨损情况，必要时更换。

5. 整机工作性能的检查，必要时拆检整机。

6. 电机进行年度检查保养(此项工作通知电工处理)。

## 安全、防火制度

1. 全体员工必须加强治安防范意识，执行酒店制订的治安管理制度，协同安全部门认真做好酒店动力系统的治安保卫工作。

2. 防火、防盗、防破坏、防恶性事故是每位员工应尽的义务。

3. 各岗位人员必须严守岗位职责，严格遵守各岗位工作纪律，杜绝设备事故的发生，如发生事故或发现可疑情况应迅速处理上报，并负责保持好现场。

4. 未经工程部领导批准，外来人员(包括参观学习、探亲访友、施工等)禁止进入配电房、电梯机房、空调机房等，经批准进入机要岗位人员必须遵守该机房的安全管理制度，当班值班人员必须在现场陪同。

5. 禁止非工作人员进入机房，如因工作需要进入时，必须征得部门领导同意，并自觉接受检查，严禁带火种或易燃易爆物品进入仓库、机房。严禁在上述区域进行明火作业。

6. 各岗位值班人员除负责设备安全运行外，还必须对所属机房、岗位范围进行安全检查，各级管理人员必须定期对所属范围进行安全检查，如发现有不安全因素必须及时进行整改。

7. 各机房钥匙不得随意配制，各机房、班组工作场地无人时门窗必须锁好，水库、水箱由系统当值人员负责检查锁好，钥匙严禁外借。

8. 各班组工具、材料要有专人管理，带工具、材料出酒店时，必须经部门领导同意并按规定办理出门手续。

9. 在指定地点吸烟，火柴头、烟蒂要丢进烟灰缸，严禁吸游烟和烟蒂乱丢乱放。

10. 维修工作中需用易燃材料时，应特别小心，各班组不得存放易燃油料 1kg

以上。

11. 需动火作业时，要办理动火证后方能施工，施工前尽可能排除易燃物品，施工后必须认真检查，确保无火种后方能离开动火现场。

12. 不得随意挪动消防设施，发现消防设备损坏或泄漏，应及时告知消防中心和检修。

13. 发现火情及时报警，尽力和消防队员一道扑灭火灾，一旦酒店发生火灾，工程部的首要任务是保证供水、供电，保证消防栓、排烟风机的正常运行，并组织重要设备的保护、人员的疏散工作。

14. 如发生火灾事故或遇突发紧急事件（如雨灾、安全事故等），全体员工必须服从上级指挥，发扬勇于献身精神，全力以赴，保护客人生命安全和酒店财产，尽快恢复酒店正常营业和各项业务正常进行。

## 冷库保养维护制度

冷库是厨房重要设备之一，它担负着食品的储存和保鲜，是厨房不可缺少和代替的设施。为确保冷库的正常运行和使用，制订冷库维护保养制度如下：

一、每天检查制度

1. 检查仪表读数是否正常。

2. 压缩机的温度、响声和振动情况。

3. 冷凝器、蒸发器及其风扇的运转情况。

4. 电流、电压是否正常，库内照明是否完好。

5. 库内货物摆放是否合适，货物是否堵住冷风口。

6. 库顶压缩机管道上是否有杂物堆放（库顶严禁堆放杂物）。

二、月度保养内容

1. 清理机组外表面及机房环境。

2. 清洁冷凝器散热片上的污垢。

3. 检查压缩机润滑油是否足够。

4. 检查制冷剂（氟利昂）系统和机组的密封情况，查看液视镜内的氟利昂是否足够，如不够应及时补加制冷剂。

三、年度保养项目

1. 作一次全面的技术性能检查，根据检查结果做针对性的拆检修理。

2. 检查校验各仪表的准确可靠性，不合格的予以更换。

3. 按月度保养内容予以检查保养，检测泄漏点和接头、附属阀件等。

4. 冷库电器部件做年度检修保养，如交流接触器触头接触是否良好，压力继电器是否正常。

## 洗衣场设备保养制度

1. 首先必须熟知各种设备的性能及操作程序。

2. 在日常维修中必须做到“三勤”：勤问、勤看、勤查。

3. 各润滑系统必须定期去污、定期加油。

4. 各空压系统必须定期排水、定期注油。

5. 各设备排风系统必须定期清理排风道。

6. 在维修设备时必须根据维修要求，先停水、电、气源，待检查安全后，方能工作。

7. 关键阀门及电闸，在维修时必须有明显“禁止合闸”标志或派专人监护。

## 工程部易燃品管理规定

工程部在日常维修中所使用的酒精、汽油、香蕉水、油漆等属易燃品，为了确保酒店的安全，特作如下规定：

1. 酒精等易燃品必须放置在专门在铁柜里，存放易燃品的容器必须密封，周围设禁烟标志，并且将数量控制在日用量范围内。

2. 在使用和领用易燃品时，必须严禁烟火，不允许边吸烟边工作，防止发生意外。

3. 日用易燃品由使用者负责管理，领班应不定期地进行检查，并任命兼职安全员。

4. 在易燃品存放柜旁必须配置灭火器，以防万一。

5. 节假日前领班需安排专人整理，除去几天的用量外将其他封存。

6. 存放易燃品的场所，必须通风良好。

## 润滑油储存与使用规定

1. 用干净的手处理润滑油。

2. 不得在灰多的地方打开盖子，从容器中取出所需润滑油后，应立即将盖子封紧，避免吸收灰尘和湿气水分。

3. 如果从容器中取出过多量的润滑油，不得将多余的放回容器中，须处理掉。

4. 被污染的润滑油应立即倒掉。

5. 润滑油的储存应远离有明火或过热的地方，因为其易燃且在过热的情况下会发生分解。

## 机房、工作间清洁制度

1. 所有员工都有责任维护工作间的清洁、整齐。

2. 轮班指定员工清扫各区域。

3. 每一项工作完成后，应迅速清理干净。

4. 工具或原料用完后，应放到指定位置。

5. 任何油类和漆类的喷溅应迅速擦拭干净。

6. 油漆刷及其容器的清洁，应在桶内进行而不能用排水道和水池。

## 工程部仓库管理制度

工程部仓库用以储存工程部运行和维修所需要的工具和零配件，是工程部运转必须和不可缺少的，为完善工程部仓库的管理，适应工程部运行的需要，特制订《工程部仓库管理制度》。

一、工具、零配件及其他物品的保管和记录

1. 物品应按类分放，按类编号，可分为工具类、零配件类及其他易耗品类等。

2. 仓库管理员职责：

(1) 保管所管物品，记物品明细账。

(2) 验收进库物品和出库物品的发货。

3. 存库物品要贯彻执行"先进先出、定期每季翻堆"的仓库管理原则。

4. 要节约库容，合理使用库房面积，摆放物品要合理，重物品和轻物品不得混放。

5. 仓库对进库储存的物品，必须划区域、定地点，固定存放，并编列序号，以便管理。

6. 凡出入库物品，应于当日在货卡上登记，并结算出存货量，以便与物品明细账对口。

7. 应经常检查，对滞存在仓库时间较长的物资，要主动向工程部主任汇报。

8. 存库物品必须做到"三对口"，即存库物品与货卡相符，货卡结算存数与物品明细账目相符，每月末库房保管员应根据物品明细账记录的收、发，编制"进、出、调、存月报表"，报工程部主任。

二、物品进出库管理

1. 应对进库物品填写"收货入库单"，并凭此记账，并逐一核对物品的规格、数量、质量，然后签发验收单。

2. 对不符合质量要求及规格、数量与发票或采购之要求的，必须拒绝入库，并及时汇报值班长。

3. 物品出库，必须办理出库手续，凭出库单、维修单和值班长签字，方可发货。

4. 为保障仓库安全，闲人不得进入仓库，发货时应当面与领料人核对，点验后再发生短缺，概由供方自负，仓库不负补偿责任。

三、其他管理规定

1. 仓库内严禁闲人进入，不得在仓库内会客。

2. 不得将火种带入库内，库内严禁吸烟。

3. 仓库不准私自代私人保管物品，也不得未经领导同意擅自答应代其他单位或部门存放物品。

4. 仓库应定期进行安全防火、防盗检查，发现隐患应及时整改，易燃、易爆物品更应妥善保管。

**地下室积水坑管理规定**

地下室积水坑是酒店生活废水、污水及设备用水的中转站，由于它的地理位置在地下室，因此如果污水坑发生满水，将给酒店的正常运行带来严重的后果，为此特作如下规定：

1. 值班人员必须每天定时检查积水坑，并做好记录，发现异常情况必须立即报告值班长，及时解决。

2. 必须定期检查潜水泵的工作情况，并做好记录；最少两个月要全面检查一次，由值班长安排电工、维修工共同完成。

3. 每周必须调换使用潜水泵，确保积水坑的两台泵都工作正常，如发现有异常情况，要立即报修，不得拖延。

4. 必须定期清理积水坑的杂物和污泥，以保证潜水泵正常工作；一年最少清理四次，在夏季到来之前要对所有积水坑进行一次清洗。

## 8.4 运转表单

运转表单是饭店管理中必不可少的管理文档，工程部也不例外。运转表单分为两部分内容，一是表格，如“工程部运行日报表”、“能源消耗日报表”等，它反映整个饭店一天中设施设备运行状态及能耗情况，内容虽多，但一目了然，可以如实地反映饭店工程运行管理状态和能耗消耗的成本情况，也代表了饭店设施设备的管理水准。这个表格每天由主管(值班长或工程师)职位以上值夜班的人员填写，供部门经理上班后审阅，以考量本饭店设施设备是否处于正常运行状态。二是调度令或部门之间内部通启，如“工程部运行调度令”、“倒闸操作通知”等，它们是本部门或部际之间工作的指令，以保证在前台对客服务持续进行的同时，各部门密切配合，保证内部设施设备及时得到保养维修。

随着信息技术及饭店高效管理发展的要求，运转表单不再以硬拷贝的方式出现，而改以饭店内部电脑网络传输代替，这样更快捷、高效，更有利于管理与控制。

表 8-1～表 8-20 为某饭店的运转表单实例。

**表 8-1　工程部运行日报表**

年　月　日　星期

<table>
<tr><td colspan="4">本月至今日各部门维修单累计：　份</td><td colspan="3">当日各部门发来维修单：　份</td><td rowspan="2">工作记录</td></tr>
<tr><td colspan="7">其中：房务部　份；　餐饮部　份；　前厅部　份；　其他　份</td></tr>
<tr><td rowspan="2">班组</td><td colspan="3">当　日</td><td colspan="3">本月至今日止</td><td rowspan="10">夜班</td></tr>
<tr><td>收到数</td><td>完成数</td><td>完成率%</td><td>收到数</td><td>完成数</td><td>完成率%</td></tr>
<tr><td>电修组</td><td></td><td></td><td></td><td></td><td></td><td></td></tr>
<tr><td>机修组</td><td></td><td></td><td></td><td></td><td></td><td></td></tr>
<tr><td>装修组</td><td></td><td></td><td></td><td></td><td></td><td></td></tr>
<tr><td>水工组</td><td></td><td></td><td></td><td></td><td></td><td></td></tr>
<tr><td>空调组</td><td></td><td></td><td></td><td></td><td></td><td></td></tr>
<tr><td>弱电组</td><td></td><td></td><td></td><td></td><td></td><td></td></tr>
<tr><td>其　他</td><td></td><td></td><td></td><td></td><td></td><td></td></tr>
<tr><td></td><td></td><td></td><td></td><td></td><td></td><td></td></tr>
<tr><td colspan="7">主要设备运行状态记录</td><td rowspan="6">早班</td></tr>
<tr><td>设备名称</td><td>启停时间</td><td colspan="2">故障及原因</td><td>设备名称</td><td>启停时间</td><td>故障及原因</td></tr>
<tr><td></td><td></td><td colspan="2"></td><td></td><td></td><td></td></tr>
<tr><td></td><td></td><td colspan="2"></td><td></td><td></td><td></td></tr>
<tr><td></td><td></td><td colspan="2"></td><td></td><td></td><td></td></tr>
<tr><td></td><td></td><td colspan="2"></td><td></td><td></td><td></td></tr>
</table>

| 重点区域温度 | 地点 | 时间 | 温度 | 时间 | 温度 | 当日能耗 | | 本月至今日能耗 | | 中班 |
|---|---|---|---|---|---|---|---|---|---|---|
| | 大堂 | 10:30 | | 17:00 | | | 水　立方米 | | 水　立方米 | |
| | | 10:30 | | 17:00 | | | 电　度 | | 电　度 | |
| | | 10:30 | | 17:00 | | | 煤气　立方米 | | 煤气　立方米 | |
| | | 10:30 | | 17:00 | | | 煤　吨 | | 煤　吨 | |
| | | 10:30 | | 17:00 | | | | | | |
| | | 10:30 | | 17:00 | | | | | | |
| | | 10:30 | | 17:00 | | 蓄水库水位：　(CM) (9:00) | | 1#　CM | | |
| | 室外 | 10:30 | | 17:00 | | | | 2#　CM | | |

| | | | 各班组维修质量抽查记录 | | | | |
|---|---|---|---|---|---|---|---|
| 热水循环泵开启台数：　台 | | 热水交换器出水温度： | 抽查维修单号 | 抽查地点 | 抽查结果 | 维修人 | 抽查人 |
| 供电状况 | 主变：　主变 | 供电电压典型值　V;变压器最高温度 | | | | | |
| 冷冻机运行台号 | 热水交换器开启台号 | 冷却塔运行台数：　台 | | | | | |
| 冷冻机出水温度(中间值):7:00　;11:00　;19:00 | | | | | | | |
| 供暖热交换出水温度(中间值):8:00　;12:00　;20:00 | | | | | | | |

注:尺寸为 33cm×22cm

**表 8-2　工程部弱电组工作原始记录表**

| 时间 | 电视系统监控 | 机房音响柜监控 | 楼层音响抽查情况 | 会务活动情况 | | | | | |
|---|---|---|---|---|---|---|---|---|---|
| | | | | 地点 | 开机时间 | 结束时间 | 设备情况 | | 执机人 |
| | | | | | | | | | |
| | | | | | | | | | |
| | | | | | | | | | |
| | | | | 日常维修情况 | | | | | |
| | | | | 接单时间 | 维修地点 | 故障原因 | 排除情况 | 回单时间 | 维修人 |
| | | | | | | | | | |
| 消防系统运行情况 | | | | | | | | | |
| | | | | | | | | | |
| | | | | | | | | | |
| | | | | | | | | | |
| 中继线处理检查情况 | | | | | | | | | |
| | | | | | | | | | |
| | | | | | | | | | |
| | | | | | | | | | |
| | | | | | | | | | |
| | | | | | | | | | |

<table>
<tr><td rowspan="3">电话运行交换系统情况</td><td colspan="2">主机：</td><td>日常工作、维修情况</td></tr>
<tr><td colspan="2">计费系统：</td><td rowspan="4"></td></tr>
<tr><td colspan="2">机房空调：</td></tr>
<tr><td>闭路电视播放情况</td><td>中午：<br>值班人</td><td>晚间：<br>值班人</td></tr>
</table>

注：尺寸为 34cm×23cm

表 8-3 ________年度维护·维修计划表

| 设备名称 | 1月 | 2 | 3 | 4 | 5 | 6 | 7 | 8 | 9 | 10 | 11 | 12 | 完成班组 | 负责人 | 备注 |
|---|---|---|---|---|---|---|---|---|---|---|---|---|---|---|---|
| | | | | | | | | | | | | | | | |
| | | | | | | | | | | | | | | | |
| | | | | | | | | | | | | | | | |
| | | | | | | | | | | | | | | | |
| | | | | | | | | | | | | | | | |
| | | | | | | | | | | | | | | | |
| | | | | | | | | | | | | | | | |
| | | | | | | | | | | | | | | | |
| | | | | | | | | | | | | | | | |
| | | | | | | | | | | | | | | | |
| | | | | | | | | | | | | | | | |
| | | | | | | | | | | | | | | | |
| | | | | | | | | | | | | | | | |
| | | | | | | | | | | | | | | | |
| | | | | | | | | | | | | | | | |
| | | | | | | | | | | | | | | | |
| | | | | | | | | | | | | | | | |
| | | | | | | | | | | | | | | | |
| | | | | | | | | | | | | | | | |

注：尺寸为 33cm×25cm

**表 8-4　维修单收发登记表**

年　　月　　日

| 序号 | 收单时间 | 发单时间 | 维修单号 | 维修地点 | 维修内容 | 电修 | 机修 | 装修 | 水工 | 空调 | 弱电 | 制冷 | 其他 | 完成时间 | 完成人 | 备注 |
|---|---|---|---|---|---|---|---|---|---|---|---|---|---|---|---|---|
| | | | | | | | | | | | | | | | | |
| | | | | | | | | | | | | | | | | |
| | | | | | | | | | | | | | | | | |
| | | | | | | | | | | | | | | | | |
| | | | | | | | | | | | | | | | | |
| | | | | | | | | | | | | | | | | |
| | | | | | | | | | | | | | | | | |
| | | | | | | | | | | | | | | | | |
| | | | | | | | | | | | | | | | | |
| | | | | | | | | | | | | | | | | |
| | | | | | | | | | | | | | | | | |
| | | | | | | | | | | | | | | | | |
| | | | | | | | | | | | | | | | | |
| | | | | | | | | | | | | | | | | |
| | | | | | | | | | | | | | | | | |
| | | | | | | | | | | | | | | | | |
| | | | | | | | | | | | | | | | | |
| | | | | | | | | | | | | | | | | |

注：尺寸为 25cm×33cm

**表 8-5　能源消耗日报表**

| 项目 | 水/立方米 | 电/度 | 低压煤气/立方米 | 燃煤/吨 |
|---|---|---|---|---|
| 当日 | | | | |
| 本月累计 | | | | |
| | | | | |
| | | | | |

备　注

填表人：

注：尺寸为 11cm×10cm

**表 8-6　配电房倒闸操作表**

编号：
操作任务(目的)：
发令人：　　　　　　　　受令人：
发令时间：　年　月　日　时　分
操作日期：　年　月　日
操作开始时间：　时　分
操作终了时间：　时　分
操作顺序：

| 已执行 | 顺序 | 操　作　项　目 |
|---|---|---|
| | 1 | |
| | 2 | |
| | 3 | |
| | 4 | |
| | 5 | |
| | 6 | |
| | 7 | |
| | 8 | |
| | 9 | |
| | 10 | |
| | 11 | |
| | 12 | |
| | 13 | |
| | 14 | |

监护人：　　　　　操作人：

注：尺寸为 23cm×15cm

**表 8-7　工程部维修工作日报**

当日出勤员工：　　　　　　　　　　　　　　　　年　　月　　日

| 序号 | 工作内容，执行情况 | 执行员工 |
| --- | --- | --- |
| | | |
| | | |
| | | |
| | | |
| | | |
| | | |
| | | |
| | | |
| | | |
| | | |
| | | |
| | | |
| | | |
| | | |
| | | |
| | | |

注：完成维修单数：　　　　电话维修数：
　计划维修数：　　　　　　部门布置工作数：

领班________

注：尺寸为 23cm×16cm

表 8-8 设备大修理竣工验收单

| 工程编号 | 设备编号 | 设备名称 | 规格型号 | 复杂系数 | 使用部门 |
| --- | --- | --- | --- | --- | --- |
| | | | | | |
| 修理部门 | 开工日期 | 完工日期 | 验收日期 | 计划 | 实际 |
| | | | | | |
| 项目 | | | 允差 | 实测 | 备注 |
| | | | | | |
| | | | | | |
| | | | | | |
| | | | | | |
| | | | | | |
| | | | | | |
| | | | | | |
| | | | | | |
| | | | | | |

验收意见：

| 合用部门 | 技术员 | 质量员 | 修理单位 | 工程部 | 其他部门 |
| --- | --- | --- | --- | --- | --- |
| | | | | | |

注：尺寸为 23cm×17cm

**表8-9　AHU、排烟、风机维护检修表**

设备名称：　　　　　　　　　　　　　　　　　　设备编号：

| 检　修　项　目 | 情　况 | 备　注 |
|---|---|---|
| 1. 电机型号 | | |
| 2. 轴承清洗及检查 | | |
| 3. 轴承更换或加油 | | |
| 4. 轴承型号 | | |
| 5. 机座油漆 | | |
| 6. 轴承清洗及检查 | | |
| 7. 轴承更换或加油 | | |
| 8. 机座及减振器进行防锈处理 | | |
| 9. 检查风管软接头 | | |
| 10. 检查风叶情况 | | |
| 11. 皮带松紧度 | | |
| 12. 空调冷水过滤器 | | |
| 13. 空调热水过滤器 | | |
| 14. 空调冷盘管 | | |
| 15. 空调热盘管 | | |
| 16. 加湿器 | | |
| 17. 试机情况 | | |

检修日期：　　　　　　　　　　　　签名：

要求：1. 连续运行的AHU、风机每年检修一次

2. 间断运行的风机每两年检修一次

**表 8-10　工程部设备保养一览表**

| 设备名称 | 安装地点 | 制造单位（日期） | 启用日期 | 主要措施 | 保养班组 | 保养日期 | 保养级别 | 负责人 | 验收人 |
|---|---|---|---|---|---|---|---|---|---|
| | | | | | | | | | |
| | | | | | | | | | |
| | | | | | | | | | |
| | | | | | | | | | |
| | | | | | | | | | |
| | | | | | | | | | |
| | | | | | | | | | |
| | | | | | | | | | |
| | | | | | | | | | |
| | | | | | | | | | |
| | | | | | | | | | |
| | | | | | | | | | |
| | | | | | | | | | |
| | | | | | | | | | |
| | | | | | | | | | |

注：尺寸为17cm×11cm

**表 8-11　倒闸操作通知**

| 各部门：<br>根据供电局停电要求，配电房将于＿＿＿＿＿＿进行倒闸操作。操作时将有几分钟短暂停电，若给各部门工作带来不便，敬请谅解。<br>**工程部** |
|---|

注：尺寸为 12cm×11cm

**表 8-12　检修缺陷记录**

检修人：　　　　　　　　　　　　　　　　　　　　年　　月　　日

| 位置 | 缺陷内容 | 搁置原因 | | 建议 | | 检查确认 | | |
|---|---|---|---|---|---|---|---|---|
| | | 备件 | 转修 | 更换 | 大修 | 返修 | 转修 | 更换 |
| | | | | | | | | |
| | | | | | | | | |
| | | | | | | | | |
| | | | | | | | | |
| | | | | | | | | |
| | | | | | | | | |
| | | | | | | | | |
| | | | | | | | | |
| | | | | | | | | |
| | | | | | | | | |
| | | | | | | | | |
| | | | | | | | | |
| | | | | | | | | |
| | | | | | | | | |
| | | | | | | | | |
| | | | | | | | | |

检查人：

注：尺寸为 27cm×14cm

**表 8-13 设备登记卡**

| 设备名称 | | | | | | 设备编号 | |
|---|---|---|---|---|---|---|---|
| 设备型号 | | | | | | 安装地点 | |
| 服务区域 | | | | | | 检修人 | |
| 购置日期 | | | | | | 日期 | |
| 厂商地址及电话 | | | | | | | |
| 代理商地址及电话 | | | | | | | |
| 主要技术参数 | | | | | | | |
| 主电机数据 | 功率/KW | 电压/V | 电流/A | 转速/(r/m) | 启动方式 | 允许温升 | 备注 |
| | | | | | | | |
| 需经常更换的配件 | | | | | | | |
| 保养周期 | 每月( ) | 每季( ) | 每半年( ) | 每年( ) | 每年( ) | | |
| 维护保养要求 | | | | | | | |

| 日期 | 维修保养记录 | 费用 |
|---|---|---|
| | | |
| | | |
| | | |
| | | |
| | | |
| | | |
| | | |
| | | |

**表 8-14　设备卡片**

| 设备编号 | | 设备名称 | |
|---|---|---|---|

服务区域：

启动程序：

停机程序：

表 8-15 维修单

维修单

**MAINTENANCE**

通知部门 BY ______ 报修人 NAME ______ 日期 DATE ______

维修地点 LOCATION ______

维修内容 PROBLEM ______

______

______

______

部门主管签字 DEPT. HEAD ______

委派 ASSIGNED TO ______

完成日期 DATE COMPLETED ______ 实用工时 TIME SPENT ______

维修人签字 COMPLETED BY ______

备 注 REMARKS ______

______

使用部门签字 SIGNATURE BY DEPT. 满 意 SATISFIED 不满意 DISATISFIED

第一联:部门留存（绿色） 第二联:工程部（黄色） 第三联:维修后回单（红色）

注:尺寸为 17cm×11cm

**表 8-16 设备事故报告单**

部门 年 月 日

<table>
<tr><td>设备编号</td><td></td><td>名称</td><td></td><td>国别</td><td></td><td>型号</td><td></td></tr>
<tr><td>事故发生时间</td><td colspan="3">年 月 日 时 分</td><td colspan="2">事故发生地点</td><td colspan="2"></td></tr>
<tr><td colspan="4" rowspan="7">事故发生经过及损坏情况：</td><td colspan="2">事故报告人</td><td colspan="2"></td></tr>
<tr><td colspan="2">事故当事人</td><td colspan="2"></td></tr>
<tr><td colspan="2">技术等级</td><td colspan="2"></td></tr>
<tr><td colspan="2">事故性质及类别</td><td colspan="2"></td></tr>
<tr><td colspan="2">修理费</td><td colspan="2"></td></tr>
<tr><td colspan="2">停机台时</td><td colspan="2"></td></tr>
<tr><td colspan="2">停机损失</td><td colspan="2"></td></tr>
<tr><td colspan="4" rowspan="6">事故原因分析：<br>分析主持人 日期</td><td colspan="2">违反操作<br>规程</td><td>擅离工作<br>岗位</td><td>超负荷<br>运行</td></tr>
<tr><td colspan="2"></td><td></td><td></td></tr>
<tr><td colspan="2">未按期<br>检修</td><td>忽视安全<br>措施</td><td>检修质<br>问题</td></tr>
<tr><td colspan="2"></td><td></td><td></td></tr>
<tr><td colspan="2">设备先天<br>不足</td><td>润滑<br>不足</td><td>原因<br>不清</td></tr>
<tr><td colspan="2"></td><td></td><td></td></tr>
<tr><td colspan="4">防止事故措施及处理意见：<br>日期</td><td colspan="4">工程部意见<br>日期</td></tr>
<tr><td colspan="4">总经理意见：<br>日期</td><td colspan="4">主管部门意见<br>日期</td></tr>
</table>

注：尺寸为 22cm×15cm（由电脑打印）

**表 8-17　万能工客房检修记录**

完好 □　　已修 √　　转修 ⊁　　　　房号________

检修人________　日期__________

**门**

1. 正门门牌 □□□
2. 门镜 □□□
3. 门锁 □□□
4. 安全门 □□□
5. 门合页 □□□
6. 门挡 □□□
7. 闭门器 □□□
8. 正门油漆 □□□
9. 浴室门锁 □□□
10. 浴室门合页 □□□
11. 浴室门挡 □□□
12. 浴室门油漆 □□□

**灯开关**

13. 门铃、门铃开关 □□□
14. 廊灯、廊灯开关 □□□
15. 节能开关 □□□
16. 房灯、房灯开关 □□□
17. 台灯及开关 □□□
18. 床灯及开关 □□□
19. 夜灯及开关 □□□
20. 浴室灯及开关 □□□

**电视**

21. 电视机电源 □□□
22. 电视机天线 □□□
23. 音响音量开关 □□□

**电话**

24. 音响选择开关 □□□
25. 电话机 □□□
26. 消防探头 □□□

**空调**

27. 空调温控开关 □□□
28. 清洗过滤网 □□□
29. 风机盘管 □□□
30. 接水盘 □□□
31. 浴室排风 □□□
32. 电冰箱 □□□

**家具**

33. 穿衣镜 □□□
34. 衣柜门 □□□
35. 衣柜门合页或导轨 □□□
36. 衣柜灯及开关 □□□
37. 沙发 □□□
38. 吧台 □□□
39. 吧台灯及开关 □□□
40. 行李架 □□□
41. 写字台 □□□
42. 写字台抽屉 □□□
43. 写字台拉手 □□□
44. 椅子 □□□
45. 电视机架 □□□
46. 咖啡桌 □□□
47. 床头柜 □□□
48. 床头板 □□□
49. 床脚轮 □□□
50. 家具油漆 □□□

**窗**

51. 窗帘盒 □□□
52. 窗帘导轨 □□□
53. 窗帘绳 □□□
54. 窗帘 □□□
55. 窗锁 □□□
56. 窗合页及导轨 □□□
57. 窗台、窗油漆 □□□

**墙、地毯**

58. 墙面、墙布 □□□
59. 天花 □□□
60. 地毯 □□□

**浴室**

61. 浴室吹风机 □□□
62. 剃须刀电源 □□□
63. 面盆冷热水阀门 □□□
64. 面盆下水 □□□
65. 浴室镜 □□□
66. 浴缸冷热水阀门 □□□
67. 喷淋头 □□□
68. 浴缸下水 □□□
69. 浴缸扶手 □□□
70. 马桶上下水 □□□
71. 马桶坐板 □□□
72. 面纸盒、卫生纸架 □□□
73. 毛巾架 □□□
74. 晒衣绳、挂衣钩 □□□
75. 浴室硅胶 □□□
76. 浴室电话 □□□
77. 浴室天花 □□□

注：尺寸为 27cm×16cm

**表 8-18 万能工公共区域检修记录**

完好 □　　已修 √　　转修 ⊁　　　　区域：__________

检修人__________　　日期__________

1. 检查正门油漆 □□□
2. 检查门锁 □□□
3. 调整地合页 □□□
4. 灯开关修或换 □□□
5. 更换灯泡、灯管 □□□
6. 检查电源插座 □□□
7. 修整椅子 □□□
8. 修整桌子 □□□
9. 检修吧台 □□□
10. 检修服务台 □□□
11. 检修餐具柜 □□□
12. 紧固所有家具拉手 □□□
13. 家具补漆 □□□
14. 检查墙纸 □□□
15. 检查装饰条 □□□
16. 墙画调整 □□□
17. 检查温控开关 □□□
18. 检查风机盘管 □□□
19. 检查接水盘 □□□
20. 清选过滤网 □□□
21. 检查音响控制 □□□
22. 地毯修补 □□□
23. 固定门口条 □□□
24 窗漏导轨修整 □□□
25. 检查窗帘 □□□
26. 检查窗及窗台油漆 □□□
27 厨房连接门及合页 □□□
28. 检查疏散指示灯 □□□
29. 检查消防探头 □□□
30. 检查天花板 □□□

注：尺寸为 27cm×15cm

**表 8-19　万能工工作周报**

自________月________日至________月________日

周计划做房________间，　　完成________间

领班查房________间，　　总工查房________间，返修率________%

完成房记录

| 星期一 | 星期二 | 星期三 | 星期四 | 星期五 |
| --- | --- | --- | --- | --- |
| ______ | ______ | ______ | ______ | ______ |
| ______ | ______ | ______ | ______ | ______ |
| ______ | ______ | ______ | ______ | ______ |
| ______ | ______ | ______ | ______ | ______ |

检修人______

| | | | | |
| --- | --- | --- | --- | --- |
| ______ | ______ | ______ | ______ | ______ |
| ______ | ______ | ______ | ______ | ______ |
| ______ | ______ | ______ | ______ | ______ |
| ______ | ______ | ______ | ______ | ______ |

检修人______

| | | | | |
| --- | --- | --- | --- | --- |
| ______ | ______ | ______ | ______ | ______ |
| ______ | ______ | ______ | ______ | ______ |
| ______ | ______ | ______ | ______ | ______ |
| ______ | ______ | ______ | ______ | ______ |

检修人______

| | | | | |
| --- | --- | --- | --- | --- |
| ______ | ______ | ______ | ______ | ______ |
| ______ | ______ | ______ | ______ | ______ |
| ______ | ______ | ______ | ______ | ______ |
| ______ | ______ | ______ | ______ | ______ |

检修人______

领　班______

总　工______

注：尺寸为 27cm×15cm

**表 8-20　万能工工作月报表**

本年度第____循环

自________年________月________日

至________年________月________日

房间总数________

月计划完成总数________

月实际完成房间数________

占月计划数________%

总工程师查房数________

占月做房总数________%

已完成房间号

________　________　________　________　________　________　________

________　________　________　________　________　________　________

________　________　________　________　________　________　________

________　________　________　________　________　________　________

________　________　________　________　________　________　________

________　________　________　________　________　________　________

客房设施情况简报________________________________________________

________________________________________________________________

总工程师意见__________________________________________________

________________________________________________________________

抄送:客房部

* 号为工程部总工查房号

注:尺寸为 27cm×15cm